이런 수학이라면 포기하지 않을 텐데

문제가 쉽게 풀리는 짜릿한 수학 강의

이런 수학이라면 포기하지 않을 텐데

신인선 지음

보누스

들어가며

새 학기가 시작되면 늘 학생들은 내게 "수학은 어떤 과목이죠?" "수학을 왜 배워야 하죠?"라고 묻는다. 매년 받는 질문이지만, 매번 마땅한 답을 찾지 못하고 애매하게 대답하곤 한다.

마음 같아서는 "수학은 그냥 재미있는 도구일 뿐이야. 연습장과 연필만 있다면 언제 어디서나 부담 없이 즐길 수 있지. 특별히 다르거나 어려운 건 하나도 없어. 재미 삼아 즐기다 보면 저절로 너희들이 원하는 수준까지 올라갈 수 있을 거야. 수학을 대학입시를 위한 도구로 생각하지 말고 흥미와 호기심의 대상으로 여겨주면 좋겠다."라고 길게 말해주고 싶은 생각이 굴뚝 같다. 그러나 이 역시 질문의 의도에서 한참 벗어난 답임을 알고 있어 가슴속으로 묻어두기 일쑤다. 그렇게 머뭇거리는 동안 많은 학생들이 수학을 점점 멀리하다 끝내 포기해버리고 만다.

사람들은 수학을 수와 도형에 관한 학문으로 생각한다. 수와 도형에는 감정이 비집고 들어갈 틈이 없기에 수학 역시 아주 딱딱하고 차갑다고 생각한다. 게다가 수학은 입시에서 차지하는 비중 때문에 울며 겨자 먹기로 배우지만, 학교만 졸업하면 더는 쓸 일이 없는 과목으로 여기기도 한다.

이처럼 수학이 부정적인 이미지를 가지게 된 가장 큰 이유는 성적과 입시에서 변별력을 핑계 삼아 학생들을 줄 세우는 도구로 수학을 이용했기 때문이다. 내로라하는 수학자들도 혀를 내두르는 문제들이 수능에 버젓이 출제되고, 학교 교육은 날이 갈수록 입시에 종속되는 상황이다.

수업에 집중하는 시간은 나날이 줄어들고 수학도 점점 설 자리를 잃어가는 지금, 학교에서 수학을 가르치는 선생님으로서 뭔가 해야 한다는 생각으로 시작한 일이 문제가 아닌 '수학' 자체를 풀어내는 일이었다. 호기심을 느낄 만한 주제들을 선별해 학습 부담은 줄이면서 수학의 기초 개념을 다지고, 나아가 수학에 흥미를 느끼게 만들겠다는 당찬 포부로 출발했으나 예상보다 많은 노력이 필요했다. 무모했다는 생각도 들었지만 학생들의 반응에 용기를 얻어 작업을 계속할 수 있었다.

사실 수학에서는 단순히 문제를 풀이하는 것보다 생각하는 힘을 기르고, 생각을 정리해 논리적으로 표현하는 일을 더 중요하게 여긴다. 이 책은 그 사실을 깨닫게 하는 데 목표를 두고 있으므로 학교에서 배우는 수학과는 다른 부분이 많다. 수학은 따분하고 어렵다는 고정관념을 버리고 읽어나가다 보면 지금까지 몰랐던 수학의 재미를 처음으로 느껴볼 수 있다. 자신이 일상에서 마주치는 문제 상황을 좀 더 정확하게 이해하고, 논리적인 해결책을 모색하는 힘도 길러질 것이다.

이 책은 모두 네 장으로 구성되어 있지만 1장부터 순서대로 읽을 필요는 없다. 눈길이 닿거나 호기심이 느껴지는 부분부터 읽어도 괜찮다. 책에서 다루는 내용 모두 처음에는 복잡해 보일지라도 한 줄 한 줄 읽어나가다 보면 이해하는 데 별 어려움이 없을 것이다. 주어진 문제들이 어렵다고 해서 바로 풀이를 보거나 건너뛰지는 말자. 풀이를 보기 전 좀 더 고민하고, 주변 사람들과 이야기를 나누는 시간을 가져보는 것도 좋다. 꼭 연습장과 연필을 들고 직접 풀어보길 바란다.

이 책에서 다루는 주제와 문제들은 절대 어렵거나 복잡하지 않다. 단지 생소하거나 익숙하지 않아 시간이 필요할 뿐이다. 시작이 반이고, 낙숫물이 댓돌을 뚫는다고 했다. 차근차근 읽어가며 천천히 소화시키면 된다.

수학을 포기해버리거나 수학이라는 말만 들어도 질색하는 많은 사람을 위해 수학을 수식이 아닌 일상의 언어로 풀어내려고 최선을 다했다. 이 책을 읽는 여러분도 수학이 일상에 큰 도움을 줄 뿐만 아니라, 수학 그 자체로 재미있고 매력적인 학문이라는 사실을 느끼는 계기가 되길 바란다.

쉽지 않은 작업이었지만 동료 교사들의 응원 덕택에 마침표를 찍게 되었다. 더불어 수업을 긍정적으로 평가해준 제자들에게도 고마움의 인사를 보낸다. 그들과 함께했던 시간이 오늘을 만드는 밑거름이 되었기에 그 소중함은 무엇과도 비교할 수가 없다. 또한 이 책의 처음부터 마무리까지 모든 과정을 기획하고 꼼꼼히 챙겨준 보누스 출판사의 편집자 및 관계자 여러분들께도 깊은 감사의 말씀을 드린다. 끝으로 옆에서 늘 성원해준 사랑하는 가족과 별이 된 친구 준동에게 이 책을 바친다.

신인선

차례

1장

0.999…는 왜 1이 되는 걸까?

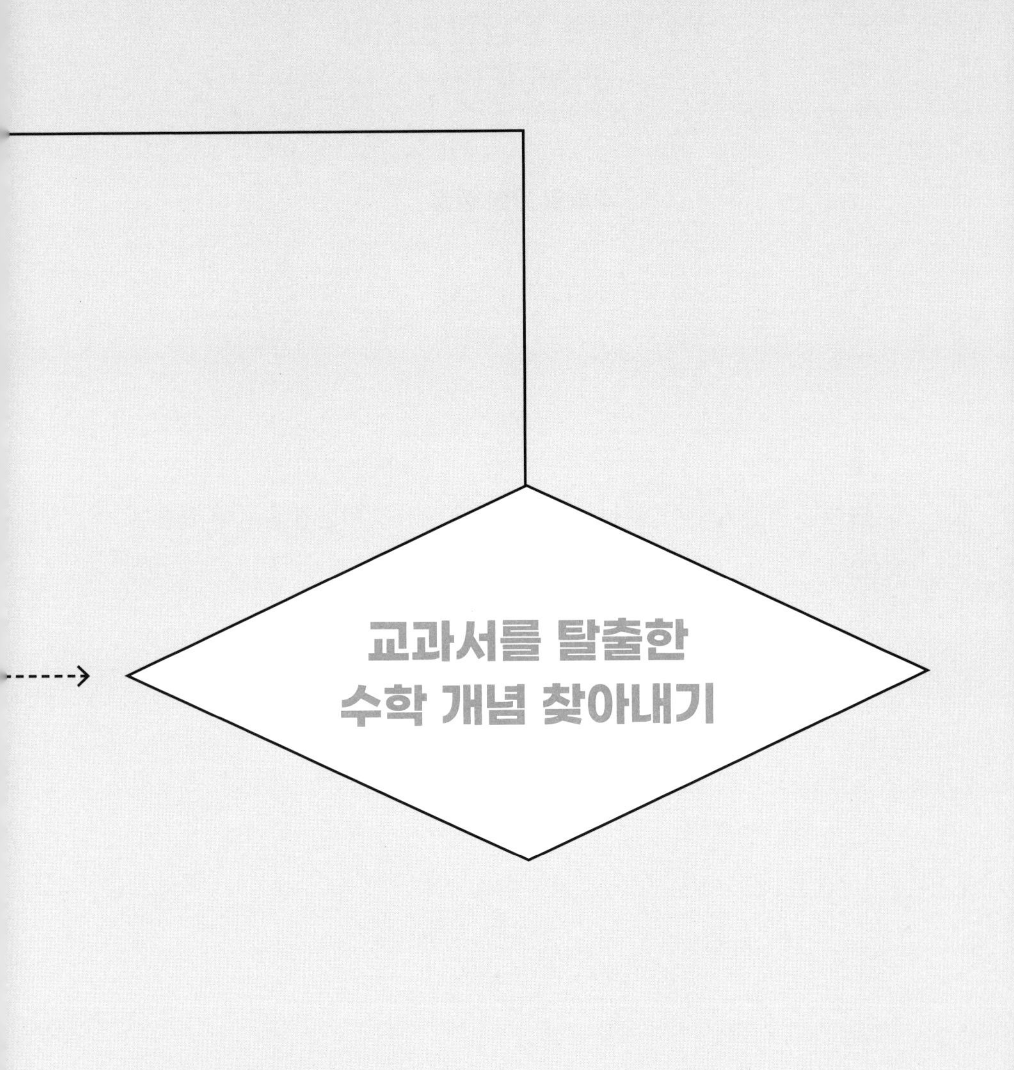

교과서를 탈출한 수학 개념 찾아내기

2=1이라는 황당한 등식이 가능하다면

수학의 기본 성질

아래는 어떤 사람이 2=1이라는 자신의 주장을 뒷받침하는 데 활용한 식이다.

$$a=b$$

$$a^2=ab$$

$$a^2-b^2=ab-b^2$$

$$(a-b)(a+b)=b(a-b)$$

$$a+b=b$$

$$2b=b$$

$$2=1$$

위 식의 전개 과정을 그대로 따라가다 보면 꽤나 그럴듯하다는 생각이 들지도 모른다. 그러나 상식적으로 2=1이라는 등식은 성립할 수 없으므로 분명 어딘가 틀린 부분이 있다. 식을 한 번 더 살펴보면서 잘못된 곳을 찾아보자.

자연수에서는 덧셈과 곱셈을 자유롭게 수행할 수 있지만, 뺄셈을 할 때는 제약이 있다. 1−3, 20−35처럼 작은 수에서 큰 수를 빼면 그 결괏값이 자연수가 아니기 때문이다. 이 제약을 해소하려면 수의 개념을 자연수에서 정수까지 확대해야 한다. **정수에는 자연수와 함께 음의 정수가 포함**되므로 자연수의 뺄셈에서 발생하는 문제를 해결할 수 있다. 그렇지만 정수 범위에서는 나눗셈을 할 때 1÷3처럼 연산의 결과가 정수로 나오지 않는 경우가 생긴다. 이 문제는 **유리수**라는 개념을 도입해 해결한다.

이처럼 수학은 필요에 따라 수의 정의를 확장해 나간다. 이때 가장 중요하게 고려하는 부분이 '유용성'과 '일관성'이다. 유용성이란 말 그대로 우리에게 쓸모가 있는지를 판단하는 것이고, 일관성은 기존의 수가 지닌 질서를 위반하지 않아야 새로운 수 체계로 받아들일 수 있다는 의미다.

수를 자연수에서 정수로 확장할 때는 별다른 조건이 없어도 일관성을 유지할 수 있다. 하지만 수를 유리수까지 확장하려면 '나눗셈에서 0으로 나누는 경우는 허용하지 않는다.'는 별도의 새로운 규칙이 반드시 필요하다. 왜 그럴까? 처음 소개한 2=1을 비롯해 0으로 나누기를 허용했을 때 발생하는 문제들을 하나하나 검토하면서 그 이유를 찾아보자.

첫 번째 문제점

$7 \div 2$는 $\frac{7}{2}$, 즉 $\frac{7}{2}=3.5$이므로 $7=2\times3.5$가 성립한다. 그렇다면 $2\div0$은 $\frac{2}{0}=?$이므로 $2=0\times?$가 되어야 하는데, 물음표 자리에 어떤 수가 오더라도 이 식을 만족시키지 못한다.

두 번째 문제점

$$7\div2 \rightarrow \begin{array}{r} 3 \\ 2\overline{)7} \\ 6 \\ \hline 1 \end{array} \qquad 1\div0 \rightarrow \begin{array}{r} ? \\ 0\overline{)1} \\ 0 \\ \hline 1 \end{array}$$

위 나눗셈에서 물음표 자리에 어떤 수가 오더라도 0과 곱해지면 항상 0이 되므로 몫을 구할 수 없다. 따라서 나눗셈 자체가 불가능하다.

세 번째 문제점

$a\div b=c$를 'a에서 b를 c번 빼면 0이 되는 식'이라고 정의하고 기존의 나눗셈과 비교해보자. 이 정의에 따르면 $8\div2=4$는 '8에서 2를 4번 빼면 0이 되는 식'이라는 뜻이다. $12\div4$라면 '12에서 4를 몇 번 빼야 0이 되는지'를 묻고 있으므로 3이 답이다. 예시에서 보듯이 위에서 내린 새로운 정의는 기존에 우리가 알고 있던 나눗셈과 다른 부분이 없다. 이제 정의에 따라 $1\div0$을 계산해보자. '1에서 0을 몇 번 빼야 0이 되는지' 여러분은 답을 할 수 있는가?

네 번째 문제점

0으로 나누는 것을 허용하면 모든 수가 같아지는 현상까지 발생한다. 아래 식을 천천히 따라가보자.

$x=1$이라 하면

$\frac{x-1}{x-1}=1$이므로(분자와 분모가 같은 분수의 값은 1이다.) $\frac{0}{0}=1$

$\frac{x^2-1}{x-1}=\frac{(x-1)(x+1)}{x-1}=x+1$이므로 $\frac{0}{0}=1+1=2$

$\frac{x^3-1}{x-1}=\frac{(x-1)(x^2+x+1)}{x-1}=x^2+x+1$이므로 $\frac{0}{0}=1+1+1=3$

…

수학에서 다루는 개념이나 규칙은 어떤 경우든 예외나 한 치의 오차도 허용하지 않는 엄밀함을 요구한다. 이러한 특성 때문에 수학은 다른 학문에 비해 딱딱하거나 차갑다는 인상을 주기도 한다. 그러나 단 하나의 예외나 아주 작은 오차를 한 번이라도 허용하는 순간, 수학의 설 자리가 급격히 좁아질뿐더러 학문의 존재 자체가 흔들리게 된다. 따라서 이론을 전개할 때는 오해의 소지가 생기지 않도록 필요한 개념은 명확하게, 규칙은 일관되게 적용해야 한다.

앞에서 소개했던 2=1의 증명을 비롯해 수학에서 발생하는 역설이나 오류는 대부분 정의를 정확히 이해하지 못했거나 요구되는 규칙을 제대로 지키지 않을 때 생긴다. 물론 2=1처럼 말도 안 되는 역설이나 오류가 인간의 호기심을 자극해 새로운 지평을 여는 토대를 마련해주기도 했다.

풀이가 잘못된 예를 한 가지 더 소개한다. 다음은 −1이 양수라는 주장을 뒷받침하는 데 사용된 증명 과정이다.

S=1+2+4+8+16+32+64+⋯라 하면 S의 값은 틀림없이 양수이고

S−1=2+4+8+16+32+64+⋯가 성립한다. 이를 (1)이라 하자.

S=1+2+4+8+16+32+64+⋯에 2를 곱하면

2S=2+4+8+16+32+64+⋯가 성립한다. 이를 (2)라 하자.

(1)과 (2)를 비교하면

$2S=S-1$이므로 $S=-1$이다.

앞에서 S의 값은 틀림없이 양수라고 했으므로 −1도 반드시 양수여야 한다.

분명 잘못된 풀이이지만 틀린 부분을 찾기가 생각보다 쉽지는 않다. 어디가 어떻게 잘못된 것일까?

위 식에서 틀린 부분을 찾으려면 수렴과 발산이라는 개념을 알아야 한다. 일정한 규칙에 따라 수를 나열하는 것을 **수열**이라고 한다. 수열의 합을 **급수**라고 하며, 급수가 일정한 값에 한없이 가까워질 때 **수렴**이라고 한다. 수렴하지 않을 때는 **발산**이라고 부른다.

위 식은 일정한 규칙에 따라 나열한 수들을 더하는 것이므로 급수에

해당한다. 급수가 수렴한다면 위의 풀이 방법을 그대로 적용해도 아무 문제가 없다. 아래 식은 수렴하는 급수를 위 예와 똑같은 과정으로 진행한 것이다.

$1+\frac{1}{2}+\frac{1}{4}+\frac{1}{8}+\frac{1}{16}+\cdots$은 2에 수렴하는 급수다.

$S=1+\frac{1}{2}+\frac{1}{4}+\frac{1}{8}+\frac{1}{16}+\cdots$를 (3)이라 하자. (3)에서

$S-1=\frac{1}{2}+\frac{1}{4}+\frac{1}{8}+\frac{1}{16}+\cdots$이 성립한다. 이를 (4)라 하자.

(3)의 양변에 $\frac{1}{2}$을 곱하면

$\frac{1}{2}S=\frac{1}{2}+\frac{1}{4}+\frac{1}{8}+\frac{1}{16}+\frac{1}{32}+\cdots$가 성립한다. 이를 (5)라 하자.

(4)와 (5)를 비교하면

$S-1=\frac{1}{2}S$,

$S=2$이다.(참)

그러나 $1+2+4+8+16+32+64+\cdots$는 그 값이 한없이 커지므로 수렴하지 않고 발산한다. 발산하는 급수에서는 사칙연산 자체가 정의되지 않으므로 위와 같은 방법으로 문제를 풀 수 없다. 이 역시 수학에서 요구하는 정의와 규칙을 제대로 지키지 않은 사례에 해당한다.

플러스+1

— 아래 그림에서 수평과 수직으로 그어진 파란색 선분을 더하면 계단 부분의 길이와 같다. 따라서 그 값은 3+4=7이다. 계단의 개수가 늘어나더라도 그 합은 여전히 3+4=7이다. 그런데 계단의 개수를 '무한히' 증가시킨다면 계단은 오른쪽 그림처럼 턱이 점점 줄어들면서 직선에 한없이 가까워질 것이다. 그렇다면 이 도형은 직각삼각형이 된다.(무한의 개념은 28쪽 참고) **피타고라스의 정리**에 따르면 직각삼각형의 빗변의 길이는 $\sqrt{3^2+4^2}=5$가 되는데 이는 3+4=7과 다른 값이다. 어디가 잘못된 걸까?

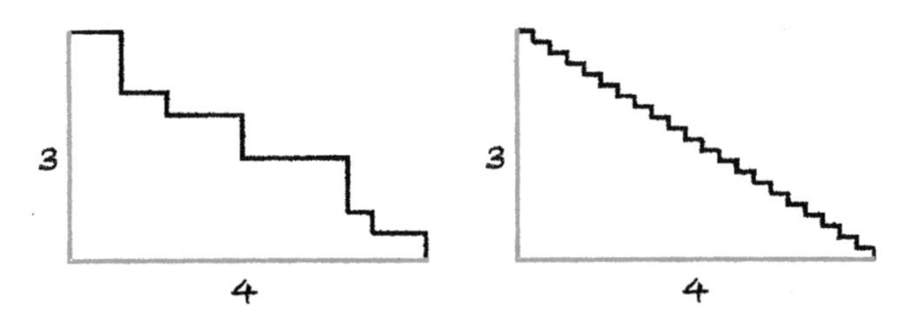

피타고라스의 정리: 직각삼각형에서 직각을 낀 두 변의 길이를 각각 제곱한 후 더하면 그 값은 빗변의 제곱과 같아진다.

→ 풀이 238쪽

음수와 음수를 곱하면 왜 양수가 될까?

음수의 개념

수학은 어떤 과목일까? '개념의 정확한 이해를 바탕으로 생각하는 힘을 기르는 과목'이라는 말보다는, 공식을 암기하고 그것을 활용해 문제를 푸는 과목이라는 말이 더 가슴에 와닿는다. 이처럼 수학에서 공식의 암기와 계산이 중요하다는 인식은 어릴 때 배우는 '구구단'에서 시작해 '음수×음수=양수'를 배우며 굳어진 듯하다.

구구단은 계산의 편의성 때문에 암기를 강조하다 보니 원리의 이해보다 암기가 우선시되지만, 어느 정도 시간이 지나면 별다른 어려움 없이 왜 그렇게 되는지를 알 수 있다.

반면에 음수×음수=양수의 경우에는 상황이 좀 더 복잡하다. 무엇보다 음수와 음수를 곱해 양수가 되는 적절한 예를 실생활에서 찾기가 어렵다. 물론 음수를 나타내는 (−) 기호는 '−15℃의 맹추위' '−2%의 경제 성장률'이라는 표현처럼 별다른 거부감 없이 일상 곳곳에서 쓰이고 있다. 하지만 음수는 원래 일상생활의 문제를 해결하려는 목적이 아니라 일차방정식의 해를 구하기 위한 요구에서 생겨났기 때문에 구구단과는 사정이 사뭇 다르다. 수학자들조차도 19세기까지 음수를 온전히 받아들이지 못했다. 7세기에 인도의 수학자 브라마굽타가 처음으로 "음수에 음수를 곱하면 양수가 된다."라고 주장했지만, 음수는 그로부터 무려 천 년이 넘는 시간이 지나도록 이방인 취급을 받았다. 이처럼 음수×음수=양수는 원래 낯설고 이해하기 어려운 개념이다.

음수는 수의 상대적 개념이나 양을 표현하는 수가 아니라 어디까지나 필요에 의해 만들어진 수다. 즉 원래는 음수도 허수(i)처럼 형식적으로 존재하는 수에 지나지 않는다. 다만 연산에서의 유용성과 일관성이 입증되어 수 체계에 편입되었을 뿐이다. 따라서 명확하게 이해하려면 고등학교 이상의 수학 수준이 뒷받침되어야 한다.

음수의 이러한 특성 때문에 음수와 양수를 일상생활의 사례로 설명하려 들면 엉뚱한 오류가 생긴다. 예를 들어 음수를 빚, 양수를 소득으로 설명하다가는 자칫 빚에 빚을 곱하면 소득이 된다는 난감한 상황에 맞부딪친다. 게다가 음수를 처음 배우는 나이에는 새로운 개념을 구체적인 사물과 관련지어 사고하는 습관이 남아 있어 논리적인 추론에 서툴다. 따라서 음수×음수=양수를 이해하고 받아들이는 과정이 어려울 수밖에 없다. 한편 가르치는 입장에서도, 교사는 시간 안에 진도를 끝내야 한다는 부담감에 충실하게 이해시키기보다는 일단 외우게 한 뒤 다음 진도로 넘어가곤 한다.

4×3은 4+4+4이므로 12이고, (−4)×3은 (−4)+(−4)+(−4)이므로 −12라는 사실은 쉽게 받아들이는 편이다. 0보다 큰 수인 양수끼리 곱하면 양수가 되는 것도 지극히 자연스러워 보인다. 그렇지만 이 때문에 음수끼리 곱하면 당연히 음수가 될 것이라는 생각에서 벗어나기도 힘들다. 이제 음수와 음수를 곱하면 양수가 되는 이유를 하나하나 살펴보자.

규칙성으로 이해하기

$(-3)\times$	2	$=$	-6		$(-4)\times$	2	$=$	-8
$(-3)\times$	1	$=$	-3		$(-4)\times$	1	$=$	-4
$(-3)\times$	0	$=$	0		$(-4)\times$	0	$=$	0
$(-3)\times$	(-1)	$=$	3		$(-4)\times$	(-1)	$=$	4
$(-3)\times$	(-2)	$=$	6		$(-4)\times$	(-2)	$=$	8
	1씩 작아짐		3씩 커짐			1씩 작아짐		4씩 커짐

위 보기처럼 주어진 음수에 곱하는 수를 1씩 감소시키면서 음수×양수에서 음수×음수로 진행해가는 과정을 하나하나 나열해보면, **음수에 곱해지는 수가 작아질수록 그 결과는 점점 커진다**는 규칙성이 드러난다. 이 규칙성을 이용해 '음수×음수=양수'가 된다는 사실을 설명할 수 있다.

수직선으로 이해하기

수직선은 음수의 개념을 설명하기에 좋은 도구다. 수직선에서 0을 기준점으로 삼고, 일정한 간격으로 점을 찍어 오른쪽에는 양수, 왼쪽에는 음수를 배열한다. 그러면 2는 오른쪽으로 향하는 길이 2의 화살표, −2는 왼쪽으로 향하는 길이 2의 화살표로 나타낼 수 있다.[1] 2×3은 0에서 2와 같은 방향인 오른쪽으로 2칸씩 3번 이동한 결과를 나타내므로 6이 된다. (−2)×3은 0에서 −2와 같은 방향인 왼쪽으로 2칸씩 3번 이동한 결과이므로 −6이 된다. 이와 마찬가지로 (−2)×(−3)은 −2의 반대 방향인 오른쪽으로 2칸씩 3번 움직이는 것과 같다. 따라서 그 값은 2를 3번 더한 6이 되어야 한다.

(-2)×(-3)=6의 수직선 표현

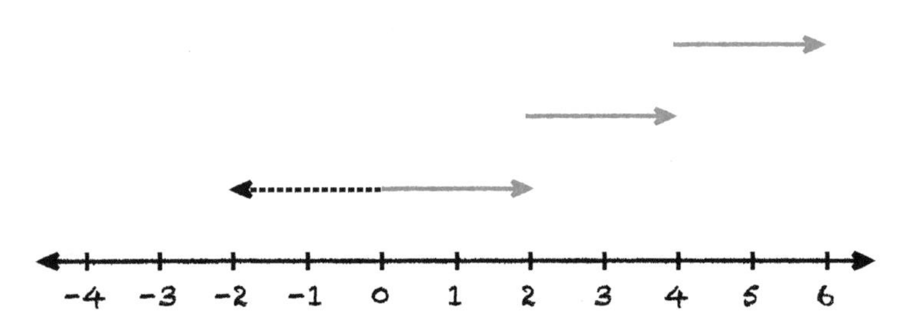

음수는 반대 방향을 의미하므로 -2(왼쪽)의 반대 방향 (오른쪽)으로 2만큼 3번 이동한 것과 같다.

1 +와 −가 방향을 나타내는 것은 정확히 말하면 복소수의 개념이다. 복소수에서 i를 곱하면 90도, i^2를 곱하면 180도 회전하므로 방향이 반대가 된다. 벡터와 삼각함수에서도 +, −는 방향을 의미한다. 벡터에서 −는 방향이 반대로 바뀐다는 뜻이다. 삼각함수에서 +는 시계 반대 방향, −는 시계 방향으로 회전한 각을 나타낸다.

기온의 변화로 이해하기

기온이 매일 2도씩 3일 동안 올라간다면, 3일 후의 기온은 '2도×3일=6도'이므로 지금보다 6도가 더 높아진다. 반대로 기온이 2도씩 3일 동안 내려갔다면 3일 후의 기온은 '(−2)도×3일=(−6)도'이므로 6도가 더 낮아진다.

그렇다면 기온이 매일 2도씩 3일 동안 올라갈 때 3일 전의 기온은 어땠을까? 현재보다 6도가 더 낮았으므로 '2도×(−3)일=(−6)도'가 성립한다. 마찬가지로 기온이 매일 2도씩 3일 동안 떨어졌다면 3일 전의 기온은 오늘보다 6도가 더 높았다. 이를 식으로 나타내면 '(−2)도×(−3)일=6도'가 된다.

수식을 만들어 이해하기

$a=10$, $b=8$, $c=5$라 하면, $a-(b-c)=10-(8-5)=10-3=7$이고 $a-b+c=10-8+5=2+5=7$이다. $a>b>c>0$을 만족하는 임의의 양수 a, b, c에 다른 수를 대입해도 항상 $a-(b-c)=a-b+c$, 즉 $-(-c)=+c$가 성립한다. 수직선으로 $a-(b-c)=a-b+c$의 성립 여부를 확인할 수도 있다.

도형으로 이해하기

26쪽 그림에서 빗금 친 부분의 넓이는 $(a-b)(c-d)$이다. 이 넓이를 다르게 표현하면 ④=(①+②+③+④)−(①+②)−(①+③)+①이 되며, 이를 식으로 나타내면 $ac-ad-bc+bd$이다. 이 둘은 같은 값이므로 $(a-b)$

$(c-d)=ac-ad-bc+bd$가 성립한다. 이 식에서 좌변을 전개하면 $(-b)\times(-d)=+bd$가 되어야 하므로 $(-)\times(-)=(+)$가 성립한다.

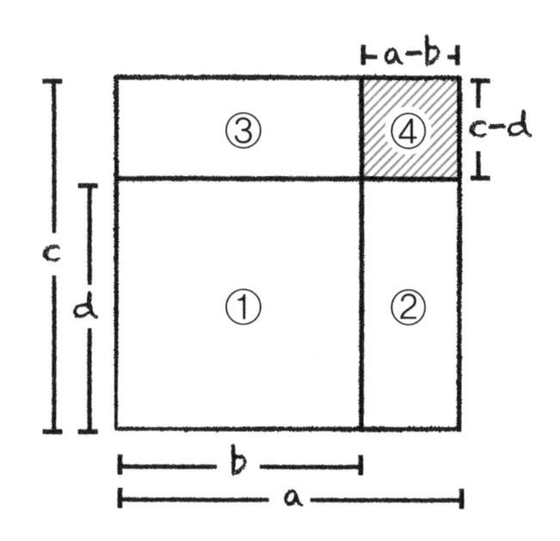

마지막으로 '음수×음수=음수'라 했을 때 어떤 일이 발생하는지 살펴보자. 설명을 위해 $(-1)\times(-1)=(-1)$이라고 가정하자.

$(-1)\times\{1+(-1)\}=(-1)\times1+(-1)\times(-1)=(-1)+(-1)=(-2)$이고,

$(-1)\times\{1+(-1)\}=(-1)\times0=0$이 되므로 $(-2)=0$이라는 모순이 발생한다.

이해보다는 암기에 급급했던 수학 용어와 개념을 꼼꼼하게 다시 살펴보면 '아, 이 말이 이런 의미였구나.'라는 생각이 들 때가 있다. 당연하게 받아들였던 것들에 의문을 품고 답을 고민하는 시간을 가져보자. 마냥 따분하게만 느껴졌던 수학이 완전히 새로운 모습으로 다가올 것이다.

플러스+2

— 앞서 말한 것처럼 소득을 +, 빚을 -로 설명하면 빚과 빚을 곱하면 소득이 된다는 오류가 생긴다. 그러나 소득을 +, 빚을 -로 두더라도 $(-)\times(-)=(+)$가 될 수 있다.

배운 것을 바탕으로 이를 설명하려면 어떻게 해야 할까?

➔ 풀이 238쪽

0.999⋯=1을 증명하는 다양한 방법

순환소수와 무한

수학에서 사용하는 용어는 같은 단어라도 일상에서 쓰이는 의미와 많이 다르다. 이 때문에 개념도 쉽게 이해되지 않고, 그저 외우기에 급급한 경우가 많다. 용어라는 장벽이 가뜩이나 어려운 수학을 더 어렵게 느끼도록 만드는 것이다. '무한'이라는 용어도 이에 해당하는 사례다.

교과서에서는 0.00317317317⋯처럼 소수점 아래의 어떤 자리에서부터 **특정한 숫자의 배열이 한없이 되풀이되는 무한소수를 순환소수**라고 정의하고, 순환하는 무한소수는 분수로 나타낼 수 있다는 성질을 이용해 0.999⋯는 1이라고 설명한다. 교과서의 설명을 좀 더 따라가보자.

먼저 $x=0.999\cdots$로 두고 양변에 10을 곱하면 $10x=9.999\cdots$가 된다. 뒤의 식에서 앞의 식을 빼면

$$\begin{array}{r} 10x = 9.99999\cdots \\ -\quad x = 0.99999\cdots \\ \hline 9x = 9 \end{array}$$

가 되고, 이 식의 양변을 9로 나누면 $x=1$이 되므로 $0.999\cdots=1$이라고 설명한다. 다른 설명도 있다. $\frac{1}{3}=0.333\cdots$이므로 이 식의 양변에 3을 곱하면 $\frac{1}{3}\times 3=0.333\cdots\times 3$이므로 $1=0.999\cdots$이 성립한다. 두 설명 모두 그럴듯해 보이지만, 여전히 2%가 부족해 온전히 받아들여지지 않는다면 그림을 활용해보자.

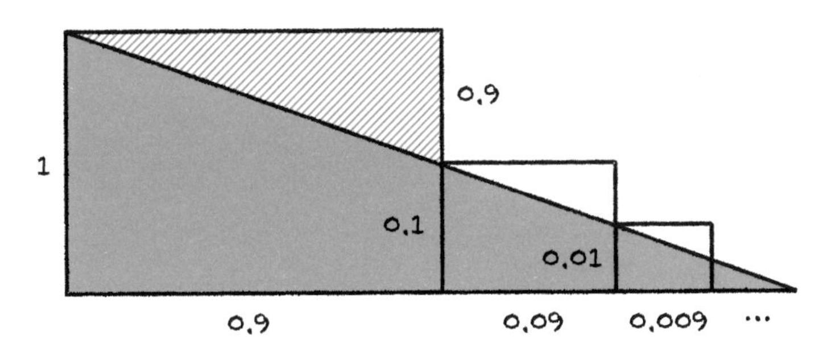

위 그림에서[2] 빗금 친 삼각형과 무수히 많은 사다리꼴로 나뉜 파란색 삼각형은 서로 **닮은꼴**이다. 닮은꼴인 도형에서 수평인 변 대 수직인 변의

2 실제로는 정사각형에 가까운 도형이지만, 설명의 편의성을 고려해 그림에서는 가로와 세로의 비를 왜곡시켜 나타냈다.

비는 같다. 따라서 비례식 $(0.9+0.09+0.009+\cdots):1=0.9:0.9$가 성립하므로 $1=0.999\cdots(0.9+0.09+0.009+\cdots)$이다.

여전히 어려움을 느낀다면 이번에는 수직선을 이용해보자. 길이가 1인 선분을 3등분하면 각 선분의 길이는 $\frac{1}{3}$이므로 다음과 같이 나타낼 수 있다.

$\frac{1}{3}$과 $\frac{2}{3}$를 소수로 표현하면 $\frac{1}{3}=0.333\cdots$, $\frac{2}{3}=0.666\cdots$이므로, $\frac{3}{3}$은 $0.999\cdots$이다. $\frac{3}{3}$은 1과 같은 값이므로 $1=0.999\cdots$이 된다. 끝으로 뺄셈을 활용해 살펴보자.

$1-0.9=0.1$

$1-0.99=0.01$

$1-0.999=0.001$

…

이 과정을 한없이 반복하면 $1-0.999\cdots=0.000\cdots1$이 될까? 위 식에서 $0.999\cdots$는 숫자 9의 배열이 한없이 반복되는 순환소수다. 앞서 설명한 것처럼 순환소수는 무한소수다. 따라서 뺄셈 $1-0.999\cdots$의 결과에

0.000⋯1과 같이 끝자리에 1이 붙으면 우변은 끝이 존재하는 유한소수가 된다. 그러면 좌변의 0.999⋯도 유한소수여야 한다. 그러나 이렇게 되면 '순환소수는 무한소수'라는 정의에서 벗어나므로 $1-0.999\cdots=0.000\cdots1$은 성립하지 않는다. 정의를 만족하려면 0.000⋯과 같이 0을 끝없이 반복해서 적어야만 한다. 따라서 $1-0.999\cdots=0.000\cdots$이므로 0.999⋯와 1은 같은 값이다.

플러스+ 3

a와 b를 서로 다른 임의의 실수라 하자. 그러면 a와 b 사이에는 적어도 하나의 실수가 존재한다. 예를 들어 $\frac{3+4}{2}=3.5$이므로 3.5는 3과 4 사이에 존재하는 수다.

이처럼 서로 다른 임의의 두 실수 a와 b에 대해 $\frac{a+b}{2}$는 a보다는 크고 b보다는 작은 수이므로 a와 b 사이에 존재하는 실수가 된다. (단, $a<b$)

그렇다면 이 방법을 써서 0.999…와 1 사이에 들어가는 수를 구할 수 있을까?

$$a < \frac{a+b}{2} < b$$

$$0.999\cdots < ? < 1$$

➔ 풀이 238쪽

티끌을 모으면 정말 태산이 될까?

무한급수

혹시 돼지 저금통을 동전으로 꽉 채워본 경험이 있는가? 처음에는 '저 큰 돼지 저금통이 언제쯤이면 다 찰까?'라는 생각이 든다. 그러나 별다른 생각 없이 동전이 생길 때마다 하나둘씩 돼지 저금통에 넣다 보면 언젠가 더는 동전이 들어가지 않는 때가 온다. 예상보다 빨리 채워진 저금통에 놀라고, 저금통을 뜯어서 나오는 금액에 또 한 번 놀란다. '티끌 모아 태산'은 돼지 저금통에 담긴 동전처럼, 아무리 작은 대상이라도 한없이 모으면 나중에 큰 덩어리가 된다는 것을 비유적으로 일컫는 속담이다. 이를 수학에서는 '무한급수'라는 개념으로 설명할 수 있다.

일정한 규칙에 따라 숫자를 차례대로 나열하는 것을 수열이라고 하고, **나열되는 숫자를 한없이 더해나가는 과정을 무한급수**라고 한다. 예를 들어 1, 2, 3, 4…는 자연수를 차례대로 나열하는 수열이고, 1+2+3+4+…는 자연수를 한없이 더해가는 무한급수다. 다음은 자연수의 역수를 한없이 더해나가는 무한급수의 또 다른 예다.

$$1+\frac{1}{2}+\frac{1}{3}+\frac{1}{4}+\frac{1}{5}+\cdots$$

이 무한급수는 뒤로 가면 갈수록 십억 분의 일, 백억 분의 일처럼 티끌보다도 작아 0과 구별조차 되지 않는 수들을 무한히 더해 그 값을 구한다. 이 무한급수의 합은 얼마나 될까? 참고로 백 번째 항까지의 합은 6이 채 안 되고, 만 번째 항까지 더해도 10보다 작다. 더 읽기 전에 합이 얼마나 될지 추측해보자.

아래 식은 프랑스의 수학자 니콜 오렘이 항을 2, 4, 8⋯개씩 묶은 다음 서로의 크기를 비교한 것이다. 오렘은 '아무리 작은 수로 이루어진 수열이라도 그 합이 발산하면 이보다 큰 수로 이루어진 수열의 합도 발산한다'는 사실을 증명하는 데 이 기법을 활용했다.

$$1+\frac{1}{2}+(\frac{1}{3}+\frac{1}{4})+(\frac{1}{5}+\frac{1}{6}+\frac{1}{7}+\frac{1}{8})+(\frac{1}{9}+\frac{1}{10}+\frac{1}{11}+\frac{1}{12}+\frac{1}{13}+\frac{1}{14}+\frac{1}{15}+\frac{1}{16})+\cdots$$

아래 식은 위 식보다 크기가 작다.

$$>1+\frac{1}{2}+(\frac{1}{4}+\frac{1}{4})+(\frac{1}{8}+\frac{1}{8}+\frac{1}{8}+\frac{1}{8})+(\frac{1}{16}+\frac{1}{16}+\frac{1}{16}+\frac{1}{16}+\frac{1}{16}+\frac{1}{16}+\frac{1}{16}+\frac{1}{16})+\cdots$$

아래 식이 발산하므로 그보다 큰 위 식도 발산한다.

$$=1+\frac{1}{2}+\frac{1}{2}+\frac{1}{2}+\frac{1}{2}\cdots$$

$$=1+1+1+\cdots$$

위 식은 무한급수 $1+\frac{1}{2}+\frac{1}{3}+\frac{1}{4}+\frac{1}{5}+\cdots$의 합이 한없이 커져간다는 것을 보이면서, '티끌 모아 태산'이 수학적으로도 참이라는 생각이 들게 한다. 그럼 어떤 경우라도 무한히 더해주기만 하면 항상 '티끌 모아 태산'이 될까? 아래 그림을 자세히 보자.

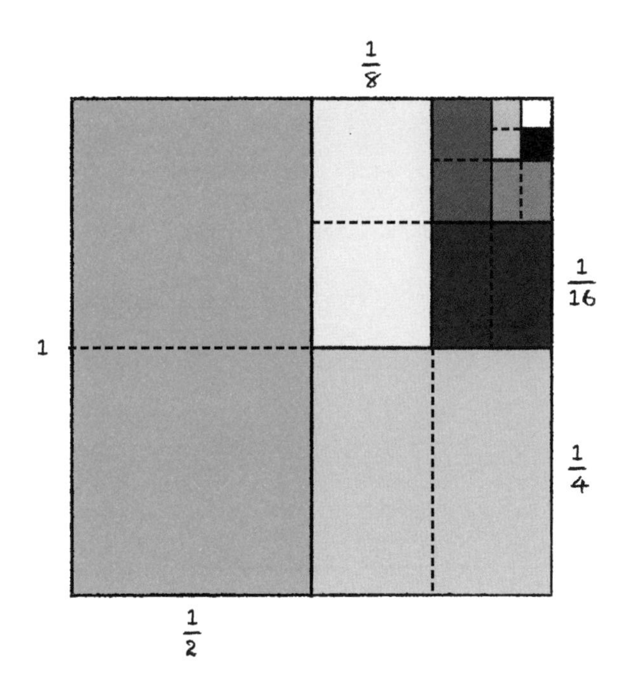

파란색 사각형의 넓이는 $\frac{1}{2}$, 하늘색 사각형의 넓이는 $\frac{1}{4}$, 가장 옅은 하늘색 사각형의 넓이는 $\frac{1}{8}$이다.

이와 같은 방법으로 만들어지는 사각형을 하나하나 한없이 더해가면 그림에서 가장 큰 정사각형이 되므로 그 넓이도 서로 같아야 한다. 따라서 아래 식이 성립한다.

$$\frac{1}{2}+\frac{1}{4}+\frac{1}{8}+\frac{1}{16}+\cdots=1$$

수를 무한히 더했지만 그 합이 1을 넘지 못한다. 이번에는 티끌을 아무리 긁어모아도 태산이 만들어지지 않았다. 티끌도 티끌 나름인 셈이다.

사람들은 무한급수처럼 조금만 복잡해 보이거나 숫자의 개수가 많아지면 지레 겁을 먹고 연필을 들 생각도 하지 않은 채 포기하곤 한다. 이제 이런 문제를 만나면, 피하기보다는 호기심을 갖고 풀이 방법을 궁리해보자. 떠오르는 방법을 자유롭게 공책에 적어나가다 보면 생각보다 쉽게 해결되는 경우가 많다. 할 수 있다는 긍정의 힘을 믿으며 두려워하지 말고 도전해보자.

플러스+ 4

1. 아래는 각 변의 길이가 3인 정사각형을 나타낸 그림이다. 파란색으로 칠해진 도형의 넓이를 나타내는 식과 그 값을 구하려면 어떻게 해야 할까?

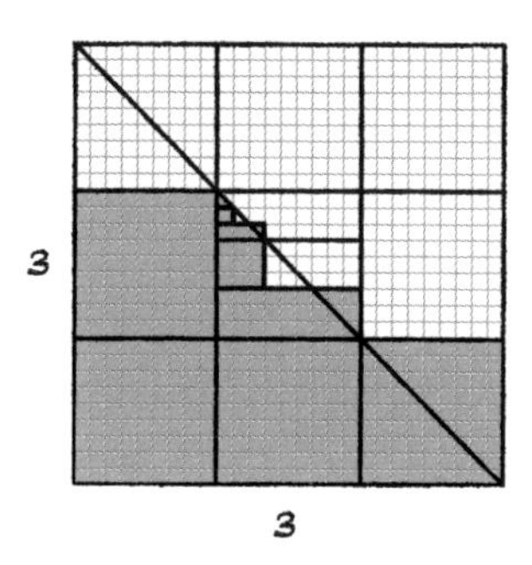

2. 아래는 한 변의 길이가 1인 정사각형이다. 짙은 파란색으로 칠해진 도형의 넓이를 나타내는 식과 그 값을 구하려면 어떻게 해야 할까?

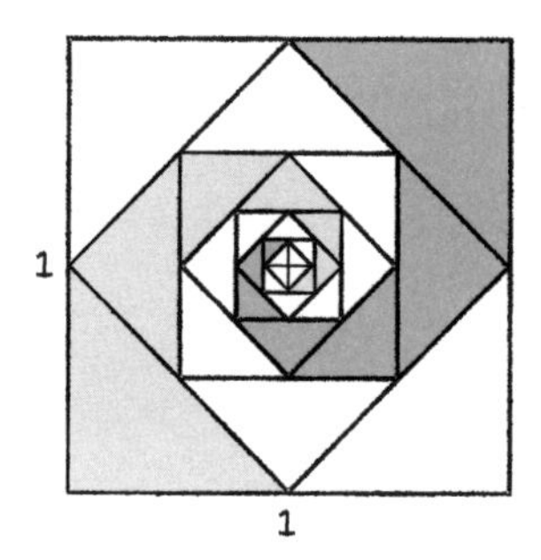

➔ 풀이 239쪽

셀 수 없는 무한을 세는 법

일대일 대응

고대 그리스의 시인 호메로스가 트로이 전쟁의 영웅 오디세우스의 귀국 모험담을 그린 책《오디세이아》에는 다음과 같은 내용이 나온다.

오디세우스는 거인 폴리페모스의 포로가 되어 부하들과 함께 동굴에 갇혔다. 폴리페모스가 붙잡힌 자신의 부하들을 잡아먹자 오디세우스는 폴리페모스의 하나밖에 없는 눈을 찔러 실명하게 만들었다.

앞을 볼 수 없게 된 폴리페모스는 아침마다 자신의 동굴 입구에 앉아 양을 한 마리씩 내보내면서 조약돌을 한 개씩 집어 들어 양의 숫자를 확인했다. 이 습관을 본 오디세우스는 부하들과 양가죽을 뒤집어 쓰고 동굴에서 탈출하는 데 성공했다.

폴리페모스는 저녁에 양이 돌아오자 양을 한 마리씩 동굴에 들여놓으면서 조약돌도 한 개씩 내려놓았는데, 아침에 오디세우스와 그의 부하들이 양가죽을 쓰고 탈출하였으므로 그만큼의 조약돌이 남게 되었다. 그제야 오디세우스의 탈출 사실을 알게 된 폴리페모스는 분노했다.

이 글에서 폴리페모스는 양 한 마리에 조약돌 한 개를 짝 지어 셈을 한다는 사실을 알 수 있다. 이와 같이 두 집합의 원소들을 중복되지 않게 하나에 하나씩 짝 짓는 것을 수학에서는 '일대일 대응'이라고 부른다. 따라서 두 집합 사이에 **일대일 대응이 성립하려면 두 집합의 원소의 개수가 반드시 같아야 한다**. 물론 역[3]도 성립한다.

A={1, 2, 3, 4, 5, 6, …}은 자연수의 집합, B={2, 4, 6, 8, 10, 12, …}는 짝수의 집합이다. 집합 A와 B 중에서 어느 집합의 원소의 개수가 더 많을까? 자연수 중에서 짝수들만 뽑아서 만든 집합이 B이므로 당연히 A의 원소가 많다. 두 집합에 속한 원소의 개수가 유한하다면 이 말은 맞는 말이다. 그런데 집합 A와 B, 이 둘의 원소의 개수는 무한히 많으므로 하나하나 센 다음에 모두 몇 개의 원소가 있다고 말할 수 없다. 즉, 두 집합의 원소의 개수가 무한일 경우에는 유한일 때 사용하는 방법을 그대로 적용할 수 없다.

위에서 두 집합 사이에 일대일 대응이 존재하면 둘의 원소의 개수

3 주어진 명제 'p이면 q이다'에 대해 'q이면 p이다'를 역이라고 한다. 이 경우에는 '두 집합의 원소의 개수가 같으면 일대일 대응이 성립한다.'가 역이 된다.

가 같다고 이야기했다. 이 말의 의미를 명확하게 이해한 후 다음으로 넘어가자.

먼저 두 집합 A와 B 사이에 일대일 대응을 나타내는 표를 만들어 보자.

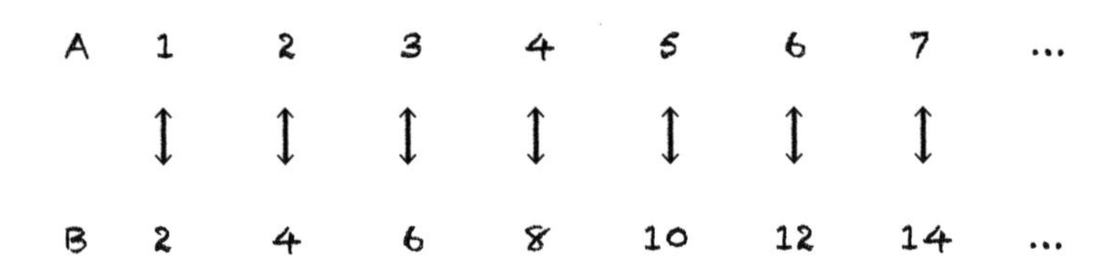

위 표에서 보듯이 우리가 어떤 자연수를 생각하더라도 이와 짝이 지어지는 짝수가 반드시 존재한다. 당연히 역도 성립하므로 틀림없이 두 집합 A와 B 사이에는 일대일 대응이 만들어진다. 따라서 두 집합 A와 B의 원소의 개수는 서로 같다. 'A의 일부만으로 만들어진 B와 A의 원소의 개수가 같다고? 자연수의 개수의 절반이 짝수의 개수인데, 말도 안 돼!'라는 생각이 든다면 지극히 정상적인 반응이다.

다시 한번 풀이 과정을 꼼꼼하게 읽어보자. 자연수의 개수와 짝수의 개수가 같다는 설명에 어떠한 모순도 발견되지 않는다. 과정이 이해는 되지만 선뜻 받아들이기는 어렵다. 그렇다고 이 설명을 억지로 소화하려고 너무 애쓰지는 말자. 수학의 역사에서 3대 천재 중의 한 사람으로 추앙받는 가우스조차 이 증명을 인정하는 데 주저했을 정도이니 말이다.

집합론의 창시자인 독일의 수학자 칸토어는 이 일대일 대응이라는 개념을 적극적으로 활용해 무한이라는 존재와 그 속에 숨겨진 다양한 성질을 찾아냈다. 그러나 동료 수학자들의 '머리 따로 마음 따로'에서 오는 무지와 편견에 부딪힌 칸토어는 신경쇠약과 우울증에 시달리다가 정신병원에서 생을 마감했다.

플러스+5

1. 자연수와 정수 사이의 일대일 대응을 나타내는 표를 만들려면 어떻게 해야 할까?

2. 다음은 무한의 성질을 보여주기 위해 수학자 힐베르트가 만들어낸 문제로 흔히 '힐베르트의 호텔'로 불린다. 두 문제에 답해보자.

(가) 힐베르트의 호텔에는 무한개의 방이 있는데 오늘은 방이 투숙객으로 가득 차 빈방이 없는 상태다. 그런데 늦은 밤에 손님 한 명이 찾아와 빈방을 달라고 부탁했다. 이 상황을 어떻게 처리해야 할까?

(나) 힐베르트의 호텔에는 무한개의 방이 있는데 오늘은 방이 투숙객으로 가득 차 빈방이 없는 상태다. 그런데 갑자기 무한히 긴 기차를 타고 무한대의 여행객들이 도착했다. 이들은 모두 이 호텔에 투숙할 예정이니 빈방을 달라고 말했다. 이 상황을 어떻게 처리해야 할까?

➔ 풀이 240쪽

두 점을 잇는 최단 거리는 직선이 아니다

비유클리드 기하학

세계에서 가장 많이 팔린 책은 성경이다. 그렇다면 성경 다음으로 많이 팔린 책은 무엇일까? 놀랍게도 그 주인공은 수학책으로, 그리스의 수학자 유클리드가 집필한《원론》이다.《기하학 원본》으로도 불리는 이 책에는 유클리드가 증명할 필요 없이 명백히 성립한다고 여긴 23개의 정의, 5가지의 공준과 공리가 담겨 있다. 엄밀한 논리와 증명 과정을 거쳐 당시의 수학을 집대성했다고 평가받으며 2,000년 이상 진리의 상징으로 통했다. 다음은 유클리드가《원론》집필의 출발점으로 삼은 5가지 공준이다. 참고로 특정 분야에서만 참으로 받아들여지는 명제를 공준, 보다 일반적인 경우에도 참으로 받아들여지는 명제는 공리라고 부르지만 지금은 이 둘을 구분하지 않고 사용한다.

유클리드의 5가지 공준

① 임의의 두 점을 연결해서 하나의 직선을 그릴 수 있다.

② 선분은 하나의 직선으로 한없이 연장할 수 있다.

③ 어떤 한 점을 중심으로 하고 임의로 주어진 점을 지나는 원을 그릴 수 있다.

④ 모든 직각은 서로 같다.

⑤ 두 직선이 한 직선과 만나서 생기는 같은 쪽에 있는 내각들의 합이 평각(180도)보다 작을 때, 이 두 직선을 한없이 연장하면 내각들의 합이 평각보다 작은 쪽에서 두 직선이 만난다.

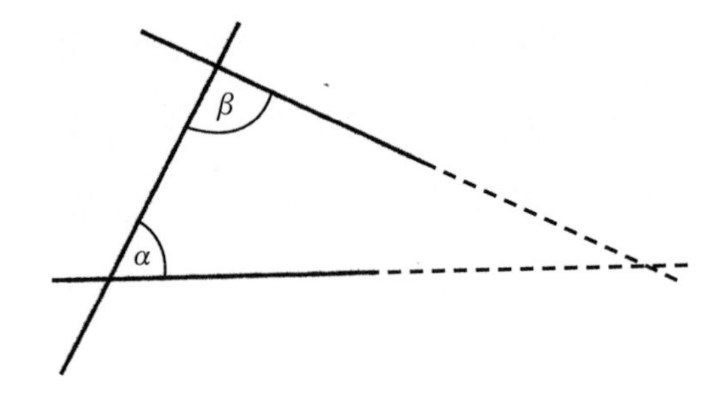

이 중 다섯 번째 공준을 평행선 공준이라 부르는데, 다른 네 공준에 비해 직관적으로 쉽게 받아들여지지 않는다. 표현도 길고 복잡한 편이라 수학자들은 이 공준을 좀 더 단순하고 깔끔하게 바꿔보려고 노력했으며, 한편으로는 다른 공준들로부터 평행선 공준을 유도하려고 했다. 어떤 이들은 한발 더 나아가 평행선 공준을 부정한 후 모순을 찾아내려 했지만,

이런저런 시도들은 모두 번번이 실패로 끝났다.

유클리드의 나머지 공준들이 직관적으로 너무나 명백해 보였기에, 수학자들은 계속된 실패에도 불구하고 평행선 공준에 문제가 있다는 생각을 갖지 않았다. 이미 5가지 공준과 공리에 근거해 수많은 정리를 유도하고 증명한 수학자들은 유클리드의 공준에 기초한 사고가 습관처럼 몸에 배어 있었다. 그들은 유클리드의 기하학을 진리로 여기며 공준 자체에 의문을 품지도 않았다.

19세기 독일의 수학자 리만은 이 공준의 대안을 찾던 중 **선분을 한없이 연장할 수 있다**는 두 번째 공준에 주목했다. 그는 지구의 적도가 끝은 없지만 무한하지 않듯이, '끝이 없다는 것'과 '무한하다는 것'을 구분해야 한다고 주장하며 유클리드 기하학의 초점을 평면에서 공간으로 옮겼다. 리만은 먼저 직선을 새롭게 정의했다. 평면에서는 두 점을 연결하는 최단

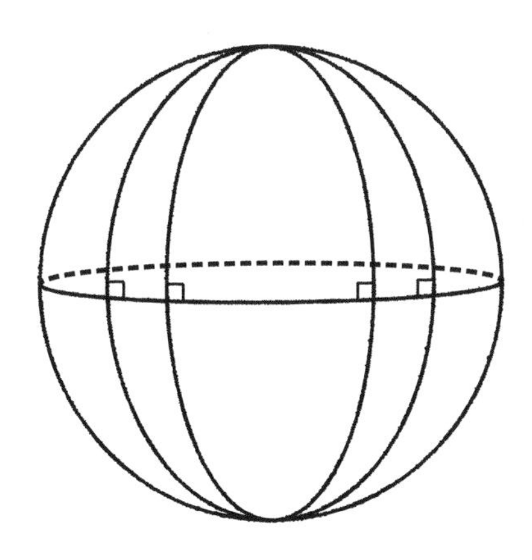

구 위에서 두 점 사이의 최단 거리는 평면에서 생각하는 직선이 아니다.

거리가 두 점을 연결하는 직선의 길이와 일치하지만, 구 위에서는 평면에서 생각하는 직선 자체가 존재하지 않기 때문이다. 리만은 구 위에서 두 점 사이의 최단 거리는 대원(구의 중심을 지나는 평면이 구와 만났을 때 평면 위에 나타나는 원)을 이용해 측정하고, 대원의 호를 '직선'으로 새롭게 정의한 후 평면이 아닌 공간을 대상으로 하는 기하학을 정립해나갔다.[4]

이 새로운 기하학에서는 구면의 경도를 나타내는 선들이 모두 북극점에서 교차하므로 모든 대원이 서로 만나게 되며, 평행선이 존재하지 않는다. 또한 45쪽 그림과 같이 두 개의 경도와 적도 선으로 이루어진 삼각형은 내각의 합이 180도보다 크다.

기존에 알고 있던 사실과 달라 낯설긴 하지만 이해하기 어려운 내용도 아니다. 그러나 '유클리드 기하학=절대적 진리'라는 인식에 매여 있던 17세기까지는 누구도 눈앞에 놓인 새로운 기하학의 가능성을 미처 알아보지 못했다. 하지만 가우스, 보여이, 로바쳅스키, 리만 등은 이 가능성이 지닌 가치를 제대로 알아봤다. 이들은 평행선 공준(제5공준)을 부정하더라도 전혀 모순이 생기지 않는 새로운 기하학을 건설해나갔다. 이 기하학을 비(非)유클리드 기하학이라 부른다. 비유클리드 기하학은 2,000년 동안 수학자들을 지배했던 사고의 습관을 깨뜨려주었을 뿐만 아니라, 영원불멸의 절대적 진리로 여겨지던 유클리드의 기하학을 무너뜨렸다. 덕분에 유

4 대원의 개념이 적용되는 대표적인 예가 비행기의 비행 경로다. 비행기는 목적지까지 최단 거리로 비행하기 위해 대원을 따라 운항하는데, 이로 인해 우리나라에서 유럽이나 미국으로 비행하는 경우 북극 쪽으로 우회하는 듯한 경로를 지난다.

클리드 기하학은 유일무이한 진리의 체계라는 지위를 내려놓았다. 이 사건은 기존의 질서와 권위를 따르기보다, 새로운 시야에서 바라보고 자유롭게 사고하는 태도가 더 중요한 가치를 갖는다는 사실을 다시 일깨우는 계기가 되었다.

플러스⁺ 6

— 한빈이는 지구 어느 지점에서 남쪽으로 100km 이동한 다음, 이 지점에서 다시 동쪽으로 100km 간 뒤에 북쪽으로 100km를 움직였더니 출발 지점으로 되돌아왔다.

한빈이가 출발한 지점은 어디일까?

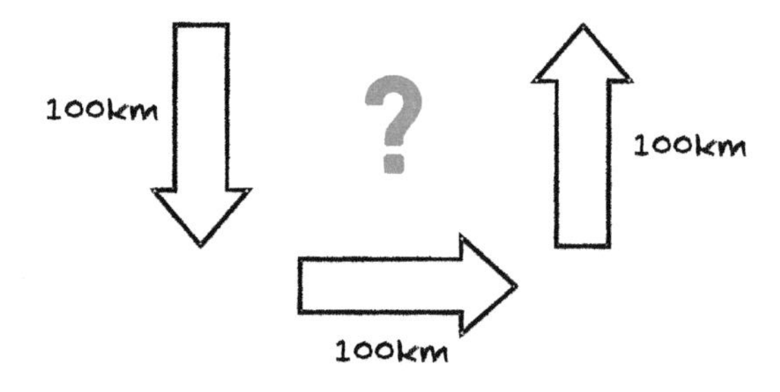

➔ 풀이 240쪽

2차원도 3차원도 아닌 도형이 있다?

프랙탈

자연은 구(球), 원뿔, 원기둥으로 이루어져 있다. 우리는 이 단순한 도형들로 그림 그리는 법을 배워야 한다.

- 폴 세잔

구름은 구가 아니고 산은 원뿔이 아니며 해안은 원이 아니다. 나무껍질은 부드럽지 않고, 직선으로 나타나는 번개의 여행 또한 그렇다.

- 만델브로트

위의 두 주장을 읽어 보면, 세잔과 만델브로트는 세상을 서로 정반대의 관점으로 파악한 것처럼 보인다. 그러나 두 사람은 사실 '자연은 일정한 질서에 따라 이루어진다.'라는, 같은 생각을 갖고 있었다. 1975년 만델브로트는 유클리드 기하학으로 설명할 수 없는 자연 현상의 불규칙성을

'프랙탈'이라는 새로운 기하학으로 설명할 수 있다고 주장했다. 예를 들어 고사리 잎이나 브로콜리에서 일부를 잘라내 전체와 비교해보면 이 둘의 모양은 같다. 이처럼 부분과 전체의 모양이 닮았을 때 자기 유사성을 가졌다고 하며, 그 형태가 반복되어 나타날 때 이를 프랙탈이라고 한다.

무질서해 보이는 번개, 리아스식 해안, 나뭇가지, 성에, 체내에 있는 심장혈관, 허파, 창자 등에서도 프랙탈 구조를 발견할 수 있다. 특히 작은 창자는 영양분을 충분히 흡수하기 위해 안쪽 벽이 수없이 많은 주름으로 구성되어 있는데 이 주름이 프랙탈 구조를 이룬다. 참고로 이 주름을 모두 펼치면 테니스 경기장 넓이의 2배 정도 된다고 한다.

자연 현상이 아닌 주가 변동 그래프에서도 프랙탈을 찾을 수 있다. 주식의 변동을 나타내는 그래프는 매우 불규칙해 보이지만, 자세히 들여다

코흐의 눈송이

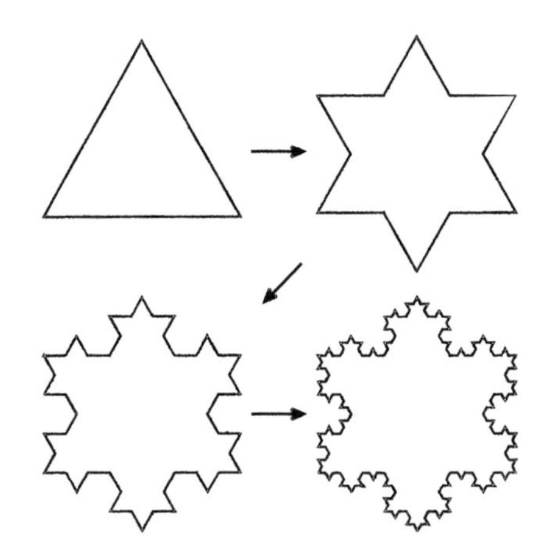

보면 자기 유사성을 지닌 프랙탈 구조를 나타낸다. 50쪽에 있는 대표적인 프랙탈 도형, 코흐의 눈송이를 이용해 좀 더 자세히 알아보자.

먼저 정삼각형을 하나 그리고 각 변을 3등분한다. 나뉜 선분들 중 가운데 부분을 한 변으로 하는 새로운 정삼각형을 그리고 밑변에 해당하는 선분은 지운다. 이 과정을 무한히 반복하면 눈송이 모양이 된다.(참고로 이 도형에서 일부를 잘라내면 리아스식 해안선과 모양이 일치한다.) 이 도형을 '코흐의 눈송이'라고 부른다.

이번에는 다음 도형의 길이와 넓이를 구해보자. 코흐의 눈송이에서 처음 선분의 길이가 1이라면 이것을 3등분해서 만들어지는 주름진 선분의 길이는 $\frac{4}{3}$가 되고, 이 변의 길이를 3등분해 세 번째로 만들어진 주름진 선분의 길이는 $\frac{16}{9}$이다. 단계가 진행될 때마다 변의 길이는 $\frac{4}{3}$배씩 증

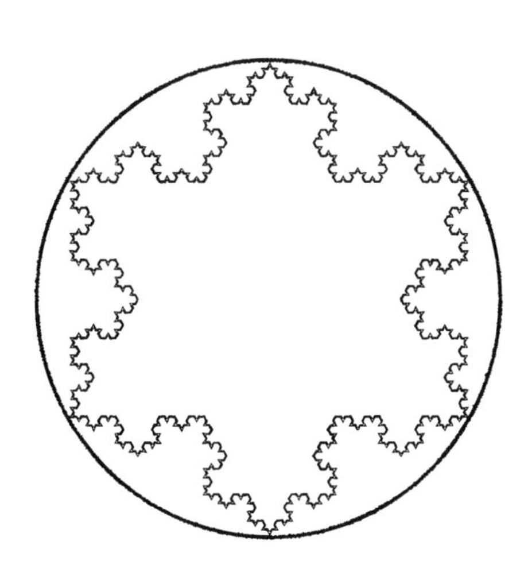

프랙탈 차원(하우스도르프 차원)

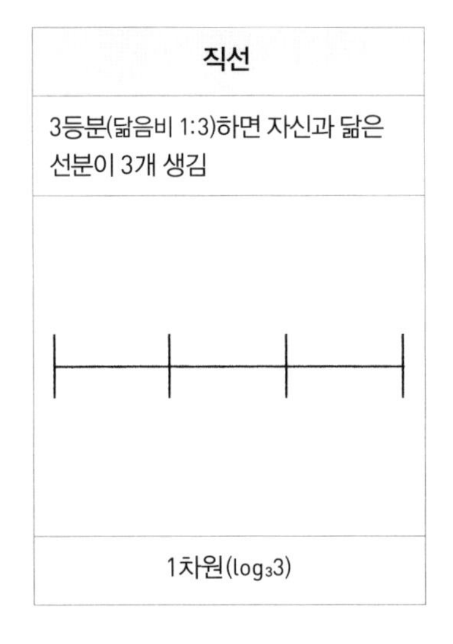

직선

3등분(닮음비 1:3)하면 자신과 닮은 선분이 3개 생김

1차원($\log_3 3$)

직사각형

3등분(닮음비 1:3)하면 자신과 닮은 직사각형이 9개 생김

2차원($\log_3 9$)

정육면체

3등분(닮음비 1:3)하면 자신과 닮은 정육면체가 27개 생김

3차원($\log_3 27$)

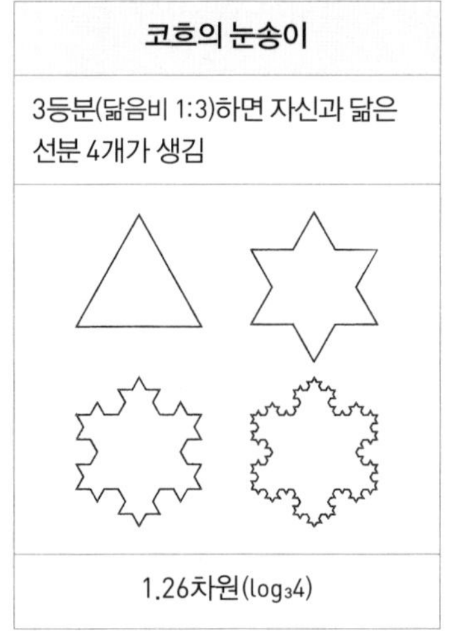

코흐의 눈송이

3등분(닮음비 1:3)하면 자신과 닮은 선분 4개가 생김

1.26차원($\log_3 4$)

* 프랙탈 차원(D)은 주어진 도형을 r등분해서 만들어지는 도형의 개수를 N이라 할 때 $r^D=N$를 만족시킨다. 이 식을 로그로 바꾸면 $D=\log_r N$이 된다.

가하므로 길이는 한없이 커진다. 반면 눈송이 곡선은 처음 그린 정삼각형에 외접하는 원을 벗어나지 않으므로 넓이는 이 외접원의 면적보다 작다. 따라서 코흐의 눈송이는 **넓이는 유한하지만 변의 길이는 무한히 긴 도형이다**. 뭔가 이상하다고 느껴지지 않는가?

유클리드 기하학에서 점은 0차원, 선은 1차원, 평면도형은 2차원, 입체도형은 3차원이다. 그렇다면 코흐의 눈송이는 몇 차원일까? 평면에 그릴 수 있으니 2차원 도형일까?

코흐 곡선은 아무리 확대를 하더라도 들쭉날쭉한 모양이 계속 나타나 길이를 측정할 수 없으므로 1차원 도형도 아니고 2차원 도형도 아니다. 만델브로트는 유클리드 기하학으로 측정할 수 없는 도형의 차원을 결정하기 위해 소수로 표현되는 새로운 개념인 '프랙탈 차원' 또는 '하우스도르프(Hausdorff) 차원'을 도입해 다양한 기하학적 도형의 차원을 정의했다. 52쪽 표에 프랙탈 차원이 간략히 정리되어 있다. 참고로 코흐의 눈송이는 1.26차원이다.

플러스+ 7

— 다음과 같은 순서에 따라 작도했을 때 만들어지는 도형을 '시어핀스키 삼각형'이라고 부른다. 시어핀스키 삼각형의 넓이와 차원은 얼마일까?

1. 정삼각형을 하나 그린다.
2. 각 변의 중점을 연결하면 4개의 작은 정삼각형이 만들어지는데, 이 중에서 가운데에 놓인 정삼각형을 제거한다.
3. 남은 3개의 작은 정삼각형 각각에 2의 과정을 반복한다.
4. 3의 과정을 무한히 반복한다.

➔ 풀이 241쪽

수학, 자연을 설계하다

피보나치 수열

일정한 규칙에 따라 수를 차례대로 나열한 것을 수열이라고 부른다. 예를 들어 2, 4, 6, 8, … 은 앞의 숫자에 2를 더해서 만든 수열이고 1, 3, 9, 27, 81, … 은 앞의 숫자에 3을 곱해서 만든 수열이다.

아래의 수열에서 규칙을 찾아 □ 안에 들어갈 숫자를 구해보자.

1, 1, 2, 3, 5, 8, 13, 21, 34, 55, □, …

위 수열은 앞에 있는 두 수의 합이 바로 뒤의 수가 된다는 규칙에 따라 수를 나열하고 있다. 따라서 □ 안에 들어갈 숫자는 34+55=89이다. 이 수열이 일반인들에게도 잘 알려진 '피보나치 수열'로, 13세기의 이탈리아 수학자 피보나치의 이름을 따서 지은 명칭이다.

피보나치는 지중해 연안을 여행하면서 익힌 아라비아의 수학을 유럽

인들에게 소개했다. 뿐만 아니라 대수의 기초를 닦아 중세 유럽 수학의 발전에 지대한 영향을 끼쳤다. 그는 여행지에서 아랍 상인들이 계산에 활용하는 인도-아라비아 숫자의 우수성을 일찌감치 파악하고 관련 내용을 자신의 저서 《산반서》에 자세하게 다뤘다. 이 책에는 인도-아라비아 숫자의 사칙연산에 관한 규칙 외에도 다양한 대수 문제가 실려 있다. 다음 문제도 그중 하나로, 흔히 '피보나치의 토끼'로 불린다.

갓 태어난 토끼 1쌍(암컷과 수컷)이 아래와 같은 규칙에 따라 새끼를 낳는다면 1년 후에는 모두 몇 쌍의 토끼가 살아 있을까?

-규칙-

1. 토끼 1쌍이 태어나 2개월이 지나면 번식 능력을 가질 만큼 충분히 성숙해진 어미 토끼가 되어 1쌍의 새끼를 낳는다.
2. 각 어미 토끼 1쌍은 매달 1쌍의 토끼를 낳는다.
3. 도중에 죽는 토끼는 없다.

직접 연필을 들고 답을 구해보자. 귀찮다고 읽기만 해서는 수학 학습에 필요한 능력을 기르기가 어렵다. 시간이 걸리더라도 자신의 힘으로 문제를 풀려고 고민하는 사이에 논리적 사고력도 길러지고 문제해결력도 향상된다. 충분히 고민했다면 다음으로 넘어가자.

갓 태어난 1쌍의 토끼가 새끼를 낳으려면 2개월을 더 기다려야 하므로 1개월 후에도 여전히 1쌍의 토끼만 있다. 2개월 후에는 어미 토끼로 성장해 1쌍의 새끼 토끼를 낳으므로 토끼는 2쌍으로 늘어난다. 3개월 후에는 어미 토끼가 또 1쌍의 새끼 토끼를 낳지만, 지난달에 태어난 새끼 토끼는 어미 토끼가 되려면 1개월을 더 기다려야 하므로 모두 3쌍의 토끼만 있다. 같은 요령으로 계산을 계속해보면 4개월 후에는 5쌍, 5개월 후에는 8쌍, 6개월 후에는 13쌍의 토끼가 있어야 한다. 즉, 앞의 두 수의 합이 바로 뒤의 수가 되는 피보나치 수열의 규칙에 따라 토끼의 쌍들이 존재하게 된다.

피보나치의 토끼

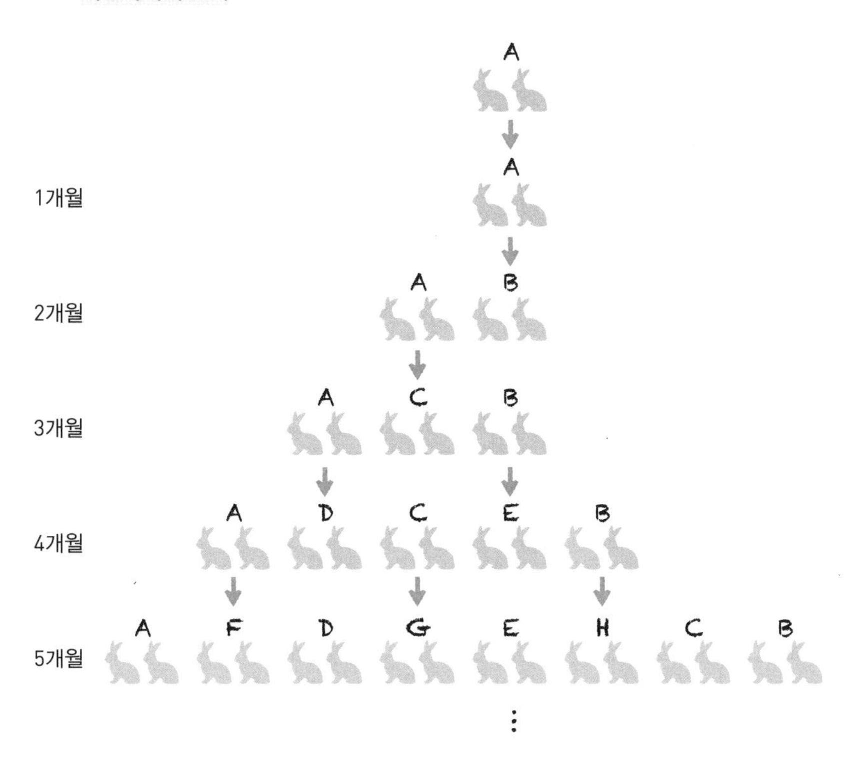

토끼의 개체 수를 구하는 단순한 문제에서 시작했지만, 그 성질을 연구하는 과정에서 자연 현상과 피보나치 수열 사이에는 밀접한 관련성이 존재한다는 사실이 밝혀졌다. 자연 현상에서 발견되는 피보나치 수열에 대해 좀 더 알아보자.

먼저 주변에서 자주 접하는 꽃의 꽃잎 개수를 세어보자. 진달래 1개[5], 백합 3개, 벚꽃 5개, 코스모스 8개, 금잔화 13개, 장미 21개, 쑥부쟁이 34개, … 꽃잎의 개수와 피보나치 수열 사이에 어떤 관계가 있는지 파악했는가? 이 꽃들 외에도 우리가 쉽게 볼 수 있는 꽃들의 꽃잎 개수를 세어보면 90% 이상이 피보나치 수열을 구성하는 수와 일치한다.

꽃잎의 개수가 피보나치 수열에 나오는 숫자와 일치하는 이유는 다음과 같이 설명할 수 있다. 먼저 꽃잎이 봉우리를 이뤄 꽃 안의 암술과 수술을 보호하려면 꽃잎들이 이리저리 겹쳐져야만 한다. 꽃잎의 개수가 1, 3, 5, 8, 13…과 같이 피보나치 수열의 수가 되면 꽃잎이 가장 효율적으로

백합-3개

벚꽃-5개

코스모스-8개

5 진달래는 꽃잎이 마치 5개처럼 보이지만 통꽃에 속하므로 한 꽃잎이 다섯 갈래로 갈라져 있는 형태다. 한편 백합은 꽃잎이 마치 6개처럼 보이지만 아래쪽 3개는 꽃잎이 아닌 꽃받침이다.

겹쳐서 피어날 수 있다. 또 다른 이유는 광합성과 관련이 있다. 피보나치 수열에 따라 꽃잎이 달리면 최소의 공간에 최대의 꽃잎을 배치하면서도 햇빛을 가장 잘 받을 수 있어 광합성을 하는 데 유리하다. 참고로 인위적으로 품종이 개량된 꽃의 꽃잎 개수는 피보나치 수열과 일치하지 않는 경우가 더 많다.

식물뿐 아니라 동물에도 피보나치 수열이 적용되는 사례가 있다. 대표적인 예가 벌의 번식이다. 벌은 개체가 태어나는 알에 따라 성별이 다르다. 수벌은 수정되지 않은 알에서 부화하고 암벌은 수정란에서 부화한다. 따라서 암벌은 아버지와 어머니가 모두 있지만, 수벌은 어머니만 존재하는 셈이다.

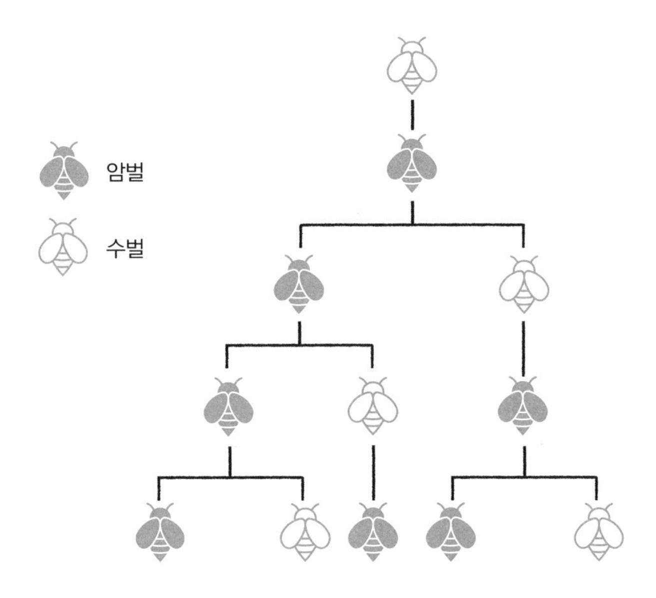

수벌 한 마리의 가계도를 자세히 보면, 각 세대 벌의 개체 수가 피보나치 수열에 나오는 숫자의 순서를 따른다는 사실을 알 수 있다.(1, 1, 2, 3, 5⋯)

잎차례 비율

잎차례는 줄기에 대한 잎의 배열 방식으로 엽서(葉序)라고도 한다. 식물의 잎은 햇빛을 최대한 확보하기 위해 서로 겹치지 않는 형태로 달린다. 이때 잎이 한 장씩 각각 다른 각도로 붙어서 나는 형태를 어긋나기라고 부른다. 벚나무, 나팔꽃, 밤나무, 사철나무, 오죽, 버드나무 등의 잎들이 여기에 해당한다.

어긋나기에서 잎사귀가 t번 회전하는 동안 잎이 n개 나오는 비율인 $\frac{t}{n}$을 잎차례 비율이라고 한다. 아래 그림처럼 줄기 위에서 잎사귀 하나를

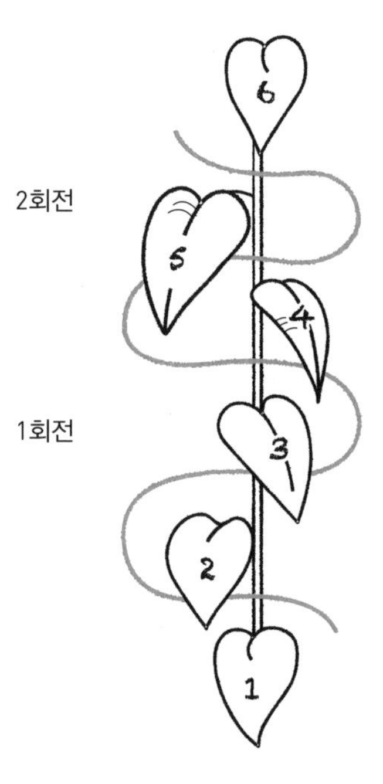

기준으로 삼아 1번이라 하고, 시계 반대 방향으로 회전하면서 만나는 잎사귀들에 순서대로 2, 3,⋯ 의 번호를 붙인다. 그림을 잘 보면 1번 잎사귀와 일직선이 되는 잎사귀의 번호가 6이므로 2바퀴를 도는 동안 5개의 잎사귀가 달린 셈이다. 따라서 잎차례 비율은 $\frac{2}{5}$가 된다. 참나무, 벚나무의 잎차례는 이와 같은 $\frac{2}{5}$이고 장미, 배나무, 버드나무는 $\frac{3}{8}$, 갯버들과 아몬드는 $\frac{5}{13}$이다. 이 잎차례 비율에서 회전하는 수(t)와 나오는 잎사귀의 개수(n)가 피보나치 수열에서 나오는 숫자와 일치한다. 연구에 따르면 이 역시 전체 식물의 약 90%가 피보나치 수열의 수에 의한 잎차례 비율을 따른다고 한다.

플러스+ 8

— 서준이와 하준이는 다음과 같은 규칙으로 바둑돌 가져오기 게임을 하려고 한다. 먼저 서준이가 자신이 원하는 만큼의 바둑돌을 한 개 이상 가져오면, 하준이는 서준이가 가져간 바둑돌 개수의 두 배가 넘지 않는 범위에서 한 개 이상의 바둑돌을 가져올 수 있다. 그다음 서준이 역시 하준이가 가져간 바둑돌 개수의 두 배가 넘지 않는 범위에서 한 개 이상의 바둑돌을 가져갈 수 있다. 같은 방법으로 바둑돌 가져오기를 계속해 마지막 바둑돌을 가져가는 사람이 승리한다.(단, 맨 처음 시작한 서준이가 바둑돌 전부를 가져갈 수는 없다.)

예를 들어 서준이가 바둑돌 두 개를 가져갔다면, 하준이는 바둑돌을 한 개부터 네 개까지 가져올 수 있다.

이 규칙에 따라 게임을 시작할 때, 주어진 바둑돌의 개수가 피보나치 수와 같으면 하준이가, 그 외의 경우에는 서준이가 반드시 이기는 전략이 존재한다. 그 전략은 무엇일까?

➜ 풀이 242쪽

머리카락 개수가 같은 사람을 찾아라

비둘기 집의 원리

아래의 두 문장은 모두 참이다. 참이 되는 이유는 무엇일까?

1. 방시혁 의장과 방탄소년단 구성원 중에는 같은 요일에 태어난 사람이 적어도 두 명은 있다.
2. 원주시에 사는 시민 35만 명 중에는 머리카락의 개수가 정확히 같은 사람이 적어도 2명은 있다.

딱히 어렵다는 느낌은 들지 않지만 어디서부터 손을 대야 할지 몰라 막막함이 앞서는 사람도 있을 것이다. 1번 문제는 굳이 수학을 동원하지 않더라도 한 명 한 명의 생일을 확인해 해결할 수 있다. 그러나 2번 문제는 35만 명의 머리카락 개수를 일일이 셀 수도 없는 난감한 상황이다. 문제를 한 번 더 꼼꼼하게 읽어보자. 두 문제 모두 그 대상이 누구인지를 구체적으로 알아내라는 것이 아니다. 1번에서는 같은 요일에 태어난 사람, 2번의 경우에는 머리카락의 개수가 같은 사람이 있기만 하면 된다.

이 정보를 바탕으로 1번 문제부터 해결해보자. 방탄소년단의 구성원은 7명이고 방시혁 의장을 포함하면 사람은 8명, 요일은 월요일부터 일요일까지 모두 7일이다. 즉 사람은 8명인데 요일은 7일이므로 8명이 태어난 요일이 모두 다를 수는 없다. 따라서 이들 중 적어도 2명은 같은 요일에 출생했다.

2번 문제에 1번의 방법을 적용해보자. 원주시민 35만 명의 머리카락의 개수가 모두 다르다고 가정하면 머리카락이 한 개인 사람부터 35만 개인 사람까지 존재해야 한다. 그러나 사람의 머리카락 개수는 평균 10만 개를 넘지 않는다. 따라서 머리카락의 개수가 같은 사람이 반드시 2명 이상 존재한다.

위 문제처럼 대상과 대상 사이에 존재하는 양(量)적 관계를 밝히는 데 도움을 주는 수학 이론이 '비둘기 집의 원리'다. 독일의 수학자 디리클레가 최초로 공식화한 이 정리를 한 문장으로 요약하면 다음과 같다.

> n+1마리의 비둘기가 n개의 비둘기 집에 들어갔다고 하면, 어느 집엔가는 반드시 2마리 이상의 비둘기가 들어가야만 한다.

비둘기 집보다 비둘기가 더 많으면 적어도 어느 한 집에는 두 마리 이상의 비둘기가 들어가야 한다는 의미다. '이렇게 당연한 게 무슨 수학의

비둘기 집의 원리

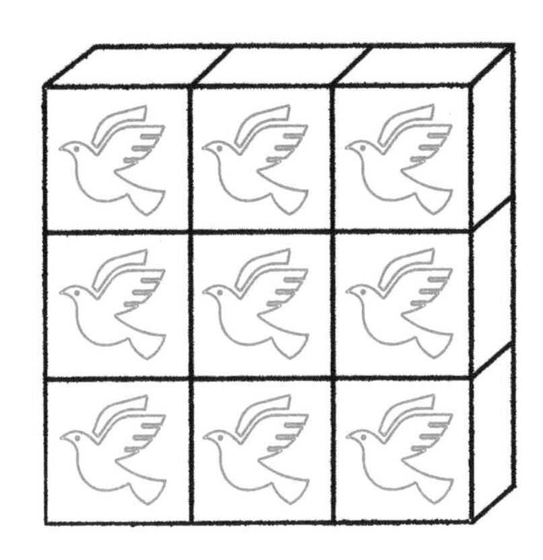

정리야?'라는 생각이 들지도 모른다. 이처럼 지극히 단순해 보이는 비둘기 집의 원리지만 정수론, 확률론, 조합론 등에서 다양한 정리를 증명하는 데 폭넓게 활용된다. 비둘기 집의 원리가 적용되는 문제의 풀이에는 수학적 사고력에 바탕을 둔 창의성이 필요해 수학 올림피아드에서도 관련 문제가 종종 출제된다. 이제 비둘기 집의 원리가 무엇인지 알았다면 다음 문제의 풀이에 도전해보자.

3. 레오나르도 다빈치의 〈최후의 만찬〉에 그려진 인물 중에는 같은 달에 태어난 사람이 최소 2명 이상 있다.
4. 한 변의 길이가 2인 정사각형의 경계나 내부에 다섯 개의 점을 찍으면, 두 점 사이의 거리가 $\sqrt{2}$보다 작거나 같은 경우가 반드시 존재한다.

〈최후의 만찬〉에는 모두 13명의 인물이 등장하고 1년은 12달이므로 앞선 문제와 똑같은 방식으로 풀 수 있다. 반면 4번 문제는 풀이 방향을 어떻게 잡아야 할지 막막하다. 정면 돌파가 힘들다면 우회로를 활용해볼 수 있다. 문제를 그림으로 나타낸 후 해결에 필요한 단서를 찾아보자.

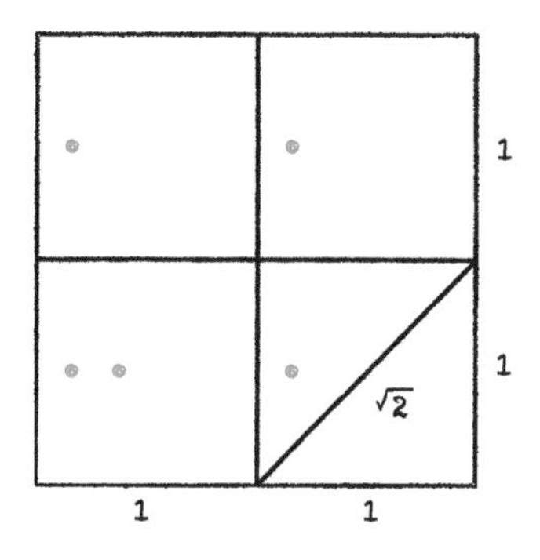

위 그림처럼 한 변의 길이가 2인 정사각형을 각 변의 길이가 1인 네

개의 정사각형으로 나누고 임의의 위치에 다섯 개의 점을 찍는다. 그러면 경계나 내부에 두 점을 포함하는 정사각형이 적어도 하나는 반드시 존재한다. 이 정사각형에 포함된 두 점 사이의 거리는 아무리 길어도 대각선의 길이인 $\sqrt{2}$를 넘지 못한다. 이 문제는 다섯 마리의 비둘기가 네 곳의 집에 들어가야 하는 상황과 똑같다. 즉 어느 집(정사각형)에는 반드시 둘 이상의 비둘기(점)가 들어가야 하는 것이다.

비둘기 집의 원리는 따로 증명할 필요가 없을 정도로 자명하지만, 막상 문제를 접했을 때 비둘기 집의 원리를 응용하라는 단서가 없다면 풀이에 활용하지 못할 때가 많다. 단서를 주더라도 비둘기와 비둘기 집을 제대로 설정하지 못해 문제 해결에 어려움을 겪는 경우가 허다하다. 마지막으로 한 번만 더 연습해보자. 다음 문제도 비둘기 집의 원리로 해결할 수 있을까?

5. 어떤 경우라도 여섯 사람이 모이면 이들 중 적어도 세 명은 서로 친구이거나, 적어도 세 명은 친구가 아니다.[6]

앞선 문제보다는 제법 난도가 높다. 틀려도 좋으니 풀이를 충분히 고민한 후 이어지는 설명을 읽어보자.

6 수학적 구조에서 어떤 특정 질서가 나타나는 조건을 연구하는 분야를 램지 이론이라고 한다. 영국의 철학자이자 수학자인 프랭크 램지에서 이름을 따왔다. 5번 문제는 램지 이론에서 서로 친구이거나 서로 모르는 사람이 반드시 존재하도록 파티를 구성할 수 있다는 사실을 증명할 때 활용되었다.

먼저 6명의 사람을 6개의 점으로 나타낸 다음 2명이 서로 친구일 때는 점선을, 친구가 아닐 때는 실선을 긋는다. 이때 세 변이 모두 점선이거나 실선인 삼각형이 존재한다면 주어진 문제는 참이 된다.

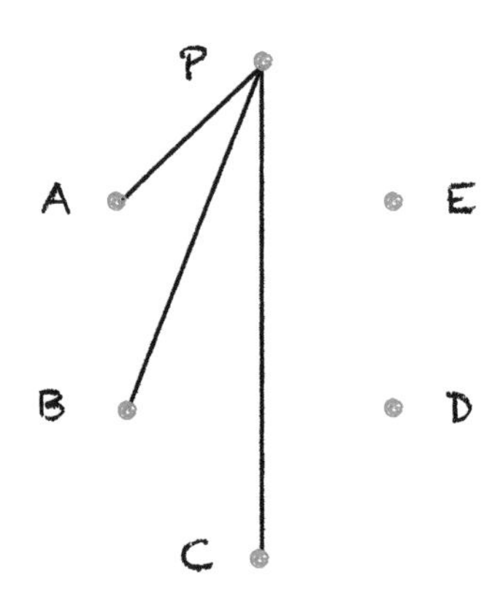

6개의 점 중 임의로 한 점을 택해 그 점을 P라 하자. 점 P와 연결되는 점이 다섯 개이므로 선도 다섯 개가 나온다. 선의 종류는 두 가지이고 개수는 다섯이므로 비둘기 집의 원리에 의해 형태가 같은 선이 적어도 세 개는 존재한다. 여기서 P와 실선으로 이어진 세 점을 A, B, C라 하자.(점선으로 진행해도 같은 결과가 나온다.) 이 세 점 A, B, C 중 어느 두 점이 실선으로 연결된다면 P와 그 두 점은 변이 모두 실선인 삼각형이 된다. 점 A, B, C 중 어느 두 점도 실선으로 이어진 경우가 없다면 삼각형 ABC는 세 변이 모두 점선인 삼각형이 된다. 즉 점선이나 실선으로만 이루어진 삼각형이 반드시 존재하므로 5번 문제는 참이다. 쉽지 않은 문제이므로 설명을 한 번 더 읽어보자. 그래도 이해하기 어려운 부분은 꼭 그림을 다시 그려보면서 충실하게 이해하자. 호시우행(虎視牛行), 눈은 호랑이처럼 예리하게, 행동은 소처럼 착실하게 한다는 뜻이다. 수학 공부와 잘 어울리는 말이다.

플러스+9

— 아래 문제는 참일까, 거짓일까? 참과 거짓 중 어느 하나를 선택하고 그렇게 생각하는 이유를 설명해보자.

빨간색 공 10개에 0부터 9까지 번호를 매긴 후 잘 섞어 무작위로 동그랗게 배치하고 임의로 공 하나를 선택한다. 그러면 이 공과 이웃한 두 개의 공, 즉 연속한 세 개의 공에 적힌 숫자들의 합이 13보다 큰 경우가 반드시 존재한다.

→ 풀이 242쪽

미적분과 3D 프린터

디지털 카메라는 찍은 사진을 즉석에서 확인해보고 바로 다시 촬영할 수 있다. 3D 프린터도 디지털 카메라의 장점을 그대로 이어받았다. 자신이 원하는 대상을 불과 2시간이면 실제와 똑같은 모양으로 출력해준다. 부족한 부분이 생기면 언제든지 수정해서 다시 인쇄할 수 있다.

3D 프린터는 1980년대 초에 미국 기업 '3D 시스템즈'에서 세계 최초로 액체 플라스틱을 활용해 개발했다. 처음에 3D 프린터는 제품을 생

산하기 전 실제와 똑같은 시제품을 만들고, 제품의 문제점을 보완해 완성도를 높이려는 목적으로 활용되었다. 관련 기술이 발전하면서 산업 용도로 쓰이던 3D 프린터의 쓰임새는 최근 의료 분야까지 확대되고 있다. 현재의 발전 속도로 봤을 때 미국에서는 10년 안에 3D 프린터로 인체에 이식 가능한 인공 심장을 출력하는 일이 가능하다는 전망까지 나온다. 믿기 어려운 현실을 가능하게 만들어주는 3D 프린터에도 미분법과 적분법이라는 수학의 원리가 숨어 있다.

3D 프린터로 물체의 모형을 출력하는 과정은 크게 3차원 디자인 → 디자인 분석 → 3차원 인쇄의 단계를 거친다. 3D 디자인 프로그램이나 3차원 스캐너로 원하는 대상을 디자인해 파일을 저장한 다음 디자인 분석을 한다. 이 디자인 분석 과정에 미분법의 원리가 이용된다.

미분법은 매우 잘게 쪼개서 분석하는 방법이다. 디자인 분석에서도 출력 대상을 가로로 10,000개 이상의 얇은 조각으로 자른다. 나무를 가로로 자른 다음 단면을 보고서 나무의 나이와 생장 조건 등을 알아내듯이, 디자인 분석에서도 미분법을 활용해 각각의 단면을 분석하고 필요한 정보를 끄집어낸다.

3D로 디자인한 대상의 분석이 끝나면 출력을 하게 된다. 출력은 3차원 조각기 방식과 쾌속 조형 방식으로 이루어진다. 3차원 조각기 방식이 디자인을 바탕으로 둥근 칼을 이용해 합성수지를 깎아내며 출력한다면,

쾌속 조형 방식은 적분법의 원리를 이용해 모형을 출력해낸다. 미분법이 대상을 매우 잘게 쪼개서 분석을 하는 과정이라면 적분법은 역의 과정으로 잘게 잘린 각 단면을 모아 전체를 파악하는 방법이다.

쾌속 조형 방식으로 출력할 때는 종이 한 장보다도 얇은 약 0.01~0.08mm의 막(레이어)이 이용된다. 마치 직사각형 모양의 복사 용지를 한 장 한 장 가지런히 쌓으면 직육면체 형태가 되듯이, 3D 프린터도 아래에서 위로 한 층씩 얇은 막을 차례대로 차곡차곡 쌓아 올려 디자인한 물체의 모형을 만들어낸다. 당연히 쌓아 올리는 막의 두께가 얇으면 얇을수록 정밀한 모형을 출력할 수 있다.

참고로 컴퓨터 단층 촬영 장치(CT)에도 미적분이 활용된다. CT도 눈에 보이지 않는 인체 내부를 미분하듯이 무수한 단면으로 나눠 촬영한 뒤, 적분의 원리를 활용해 그 결과를 3차원적인 모습으로 재현해낸다. 이 과정 역시 3D 프린터에서 미분법으로 디자인을 분석하고 적분법으로 출력하는 것과 같다. 일상생활에서 써먹지도 않는 수학이 왜 필요하냐며 불평하는 사람도 많지만, 수학이 없다면 지금 우리가 사용하는 기술들도 존재할 수 없다.

2장

왜 음료수 캔은 모두 원기둥일까?

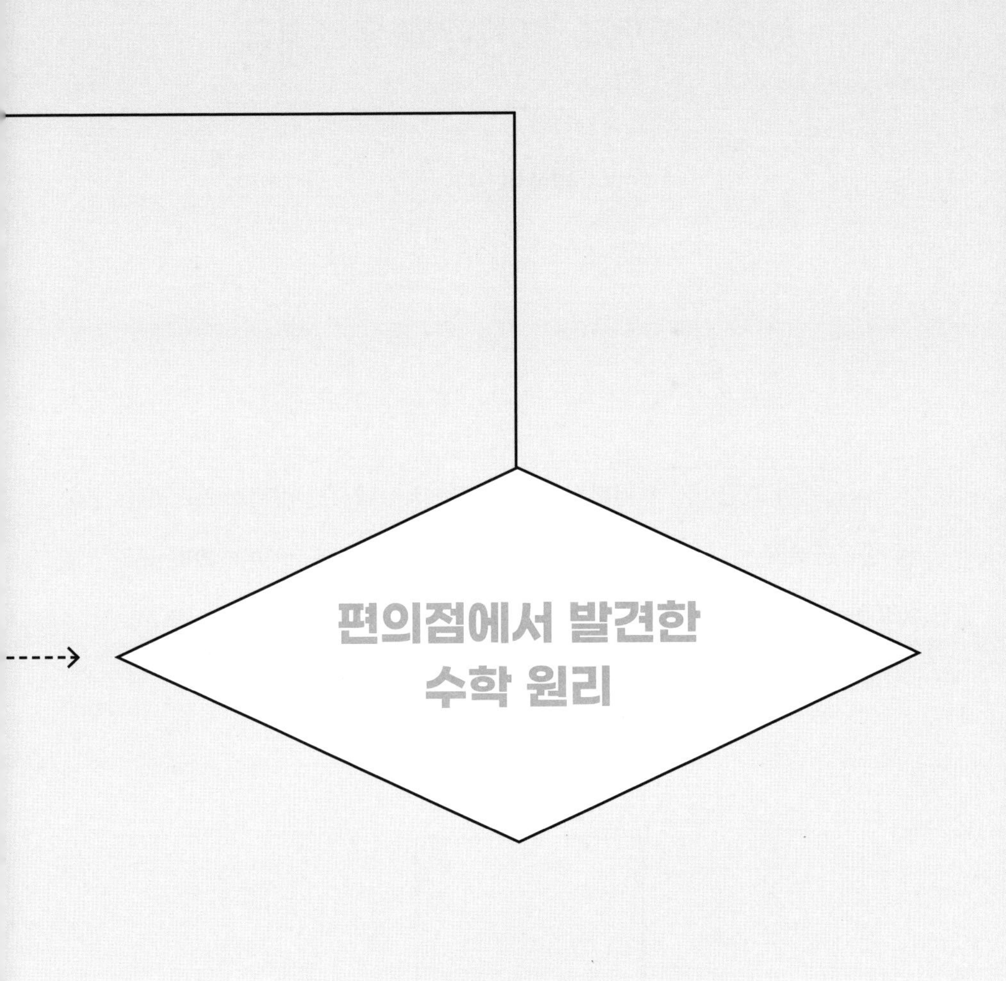

편의점에서 발견한 수학 원리

A0부터 B5까지, 종이 규격에 담긴 수학

닮음비 ①

복사기와 프린터가 보편화되면서 학교나 회사에서는 대체로 A4 규격의 종이를 사용한다. A4 용지의 규격은 210mm×297mm이다. 200mm×300mm처럼 가로세로 비를 2 : 3이나 3 : 4와 같이 간단한 정수비로 하지 않고 복잡해 보이는 수치를 활용하는 이유는 뭘까? 수학에서 답을 찾

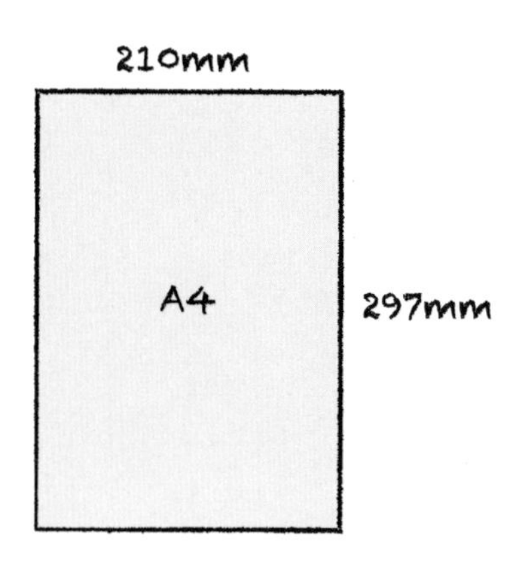

아보자.

우리가 쓰는 종이는 전지(全紙)를 잘라서 만든다. 제지 공장에서는 전지를 절반으로 자르는 과정을 반복해가며 다양한 규격의 종이를 생산한다. A4 용지를 만드는 전지를 A0라고 하는데, A0를 절반으로 접어서 자른 종이의 규격을 A1, A1을 절반으로 접어서 자른 종이의 규격을 A2라고 한다. A4 용지는 A3의 절반이며 A0 전지를 네 번 접어서 자른 것이다.

문제는 종이를 절반으로 자르는 과정에서 가로와 세로의 비가 변할 수 있다는 것이다. 예를 들어 200mm×300mm와 같이 가로세로 비가 2 : 3인 종이를 절반으로 자르면 가로세로의 길이는 150mm×200mm이므로 비는 3 : 4가 된다. 이렇게 만들어진 종이는 자르기 전의 종이와 비율이 달라지면서 뭉툭해지므로 일부를 다시 잘라내는 작업을 거쳐야 한다. 이 과정에서 아까운 종이를 낭비하게 되고, 달라진 비율 때문에 축소와 확대를 할 때도 버려지는 부분이 생긴다. 이런 문제를 해결하려면 종이를 반

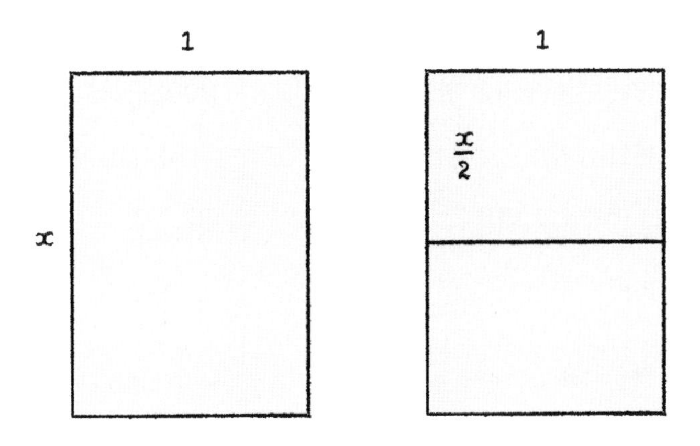

복해 자르더라도 **가로와 세로의 비가 일정하게, 즉 닮음비가 변하지 않도록** 규격을 정해야 한다.

절반으로 자르더라도 처음과 닮은꼴이 유지되어야 한다는 조건을 이용해 수식을 세워보자. 자르기 전의 가로와 세로의 비를 $1:x$라고 하면 이것을 절반으로 자른 종이의 가로세로 비는 $\frac{x}{2}:1$이다.(77쪽 그림 참고) 두 종이의 모양은 서로 닮은꼴이므로 비례식으로 나타내면 $1:x=\frac{x}{2}:1$이 되고, 비례식에서 **내항의 곱은 외항의 곱과 같다**는 성질에 의해 $x\times\frac{x}{2}=1\times1$가 성립한다. 이 식에서 x의 값을 구하면 $x=\sqrt{2}$이다. 따라서 종이의 가로세로의 비가 $1:\sqrt{2}$를 유지해야 종이를 절반으로 자르더라도 모양이 변하지 않는다. 실제로 A4 용지의 가로세로 길이는 210mm, 297mm이므로 그 비는 $210:297=1:1.414=1:\sqrt{2}$이다.

참고로 A0 전지의 크기는 독일공업규격위원회에서 정한 841mm×1189mm이고 넓이는 999949mm^2로, $1000000\text{mm}^2=1\text{m}^2$의 근삿값이다. A0 전지 역시 가로세로 비가 1 : 1.414이다.

A4 용지 외에 많이 사용되는 종이가 B4, B5 용지다. 이 종이를 만드는 기본 원리는 A4 용지를 만들 때와 같다. 전지 B0의 규격이 1030mm×1456mm이므로 가로세로의 비는 마찬가지로 1:1.414이고, 넓이는 1.5m^2이다.[7] 이를 절반으로 자르는 과정을 반복해 B1, B2, B3, … 등을 만든다.

7 A0 전지에서 짧은 변의 길이를 1m로 맞춘 것이 B0 전지다.(1000mm×1414mm) 이와 달리 일본공업규격(JIS)에서는 넓이가 1.5m^2가 되도록 B0의 규격을 정했다. 우리나라는 인쇄기를 일본에서 도입했으므로 JIS에서 정의한 B0 규격을 사용한다.

이들 용지 또한 가로세로의 비가 모두 $1:\sqrt{2}$인 닮은꼴의 형태이므로 확대하거나 축소해서 다른 용지에 인쇄나 복사를 할 수 있다.

플러스+ 10

—

1. A4 용지는 B4 용지보다 작지만 B5 용지보다 크다. 다음 질문에 답해보자.

(가) A4 용지의 넓이는 B5 용지의 몇 배일까?

(나) A4 용지에 작성된 문서를 B4 용지에 그대로 인쇄하려면 얼마나 확대해야 할까?

—

2. 생활정보지를 완전히 펼친 크기를 4절, 많이 쓰는 스케치북의 크기는 8절, 일반적인 공책의 크기는 16절이라고 부른다. '절'이라는 단위로 불리는 이 종이의 규격은 어떤 방법으로 만들어졌을까?

➔ 풀이 243쪽

음식물은 꼭꼭 씹어 드세요

닮음비 ②

"예빈아, 음식 좀 천천히 먹으렴."

"학교에 늦을까 봐 그래요."

"음식물은 꼭꼭 씹어 먹어야 소화도 잘되고 영양분도 충분히 섭취된단다."

우리나라 사람들은 참 바쁘게 산다. 밥을 먹을 때도 음식물을 몇 번 씹지 않고 삼키는 경우가 많다. 식사하는 데 걸리는 시간이 평균 15분도 채 안 된다고 한다. 몸에 필요한 영양분을 충분히 섭취하려면 소화가 중요한데, 식사를 급하게 하면 위장에 부담만 커질 뿐 소화가 제대로 되지 않아 영양분 흡수에 문제가 생긴다. 왜 음식을 빨리 먹으면 소화가 안 되는 걸까?

굳이 의학의 힘을 빌리지 않더라도 학교 수학 시간에 배운 내용을 활용해 설명할 수 있다. 아래와 같은 간단한 닮음비의 개념만 알고 있으면 충분하다.

> 두 도형이 닮았을 때 넓이는 닮음비의 제곱에,
>
> 부피는 닮음비의 세제곱에 비례한다.

이해하기 쉽게 우리가 먹는 음식물과 씹어서 잘게 쪼개진 음식물들이 모두 공 모양이라고 생각해보자. 반지름이 R인 공 모양의 음식물을 씹어서 반지름의 길이가 $\frac{R}{2}$이 되도록 잘게 나눈다. 나뉜 음식물의 부피는 닮음비의 성질에 의해 $\frac{1}{2}$을 세제곱한 값과 같으므로 전체의 $\frac{1}{8}$에 지나지 않는다. 이 말은 음식물 전체 부피에는 변화가 없어야 하므로 씹는 작업을 통해 1개의 음식물이 8개의 작은 음식물로 나뉜다는 뜻이다.

한편 반지름이 R인 공(음식물)의 겉넓이는 $4\pi R^2$이고, 반지름이 $\frac{R}{2}$인 공(씹어서 쪼갠 음식물) 하나의 겉넓이는 $4\pi(\frac{R}{2})^2$이므로 πR^2이 된다. 8개로 나뉜 작은 공들의 겉넓이를 모두 합하면 $8\pi R^2$이므로 소화액이 음식물과 접촉하는 부분은 2배로 늘어난다. 따라서 음식물을 꼭꼭 씹어서 작은 알

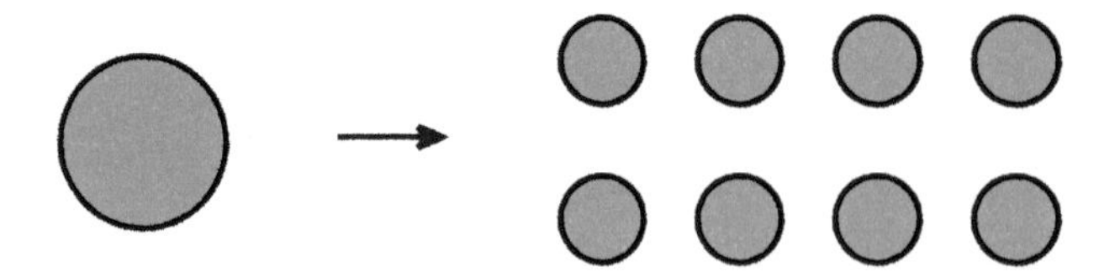

갱이로 쪼개 위로 보내면 음식물과 소화액이 닿는 부분이 많아져 소화도 잘되고 영양분의 흡수도 원활하게 이루어지는 것이다.

뚱뚱한 사람들이 더위를 더 타는 이유

갈수록 여름이 길어지고 더위도 일찍 시작된다. 더운 날씨에 지치기는 매한가지이지만, 살이 찐 사람은 유난히 더위를 힘들어하는 경우가 많다. 이 역시 닮음비의 개념으로 설명할 수 있다.

신체는 땀을 통해 체온을 조절한다. 날씨가 더워지면 피부에 있는 땀샘의 표면적을 최대로 늘려 땀을 배출하고, 추우면 표면적을 좁혀서 땀의 방출을 막아 체온을 유지하려고 한다.

사람의 몸에 닮음비를 적용해보면 피부의 표면적(겉넓이)은 닮음비의 제곱에, 몸무게(부피)는 닮음비의 세제곱에 비례한다. 그러나 실제로 피부의 표면적이 몸무게에 비례해서 넓어지지는 않는다. 예를 들어 마른 사람과 뚱뚱한 사람의 닮음비를 1 : 2라 하면 피부 표면적의 비는 1 : 4, 몸무게의 비는 1 : 8이 되어야 하지만 인체 구조상 이는 불가능하다. 따라서 뚱뚱한 사람은 마른 사람에 비해 표면적 비율이 상대적으로 작아지게 된다. 이로 인해 더위를 더 타게 되고, 체온 유지를 위해 땀을 더 많이 흘리는 것이다. 반대로 겨울에는 마른 사람이 뚱뚱한 사람에 비해 표면적 비율이 크기 때문에 체온을 더 많이 빼앗겨 추위에 약한 모습을 보인다. 추운 지방이 주된 서식지인 시베리아호랑이와 날씨가 더운 지역의 벵갈호랑이의 몸집이 다른 이유도 같은 방법으로 설명할 수 있다.

플러스+ 11

— 아래 대화를 읽고 왜 그런지를 생각해보자.

1.

"진솔아, 화장실에 휴지 좀 가져다 놓을래?"

"아빠, 비누나 화장지는 처음에는 줄어드는 양을 잘 모르겠는데 어느 순간부터는 굉장히 빠른 속도로 없어지는 것 같아요. 기분 탓인가요?"

2.

"민정아, 엄마가 마시는 주스에 얼음 좀 넣어 줄래?"

"주스가 빨리 시원해지라고 얼음을 최대한 잘게 쪼개서 넣어 드릴 테니, 잠깐만 기다리세요."

3.

"혜원아, 큰 수박과 작은 수박의 크기 차이는 두 배가 채 안 되는데 가격은 작은 수박이 1만 원, 큰 수박이 2만 원으로 두 배 차이구나. 그럼 작은 수박을 사는 게 좋겠다."

"아니요. 맛이 같다면 무조건 큰 수박을 사는 게 이득이에요."

→ 풀이 243쪽

음료수 캔이 사각기둥이라면?

입체도형의 부피와 겉넓이

음료수가 담긴 캔은 왜 모두 원기둥 모양일까? 입체도형은 삼각기둥, 사각기둥, 원뿔, 구(공) 등 수많은 모양이 있는데, 음료수 캔은 하나같이 원기둥 형태를 띠고 있다. 그 이유를 수학에서 찾아보자.

첫 번째 이유: 경제성

원기둥은 물체를 담는 다양한 형태의 용기 중 경제성이 매우 뛰어나다. 여기서 경제적이라는 의미는 용기 제작에 필요한 재료비가 가장 적게 들어가는 구조가 원기둥 모양이라는 뜻이다. 용기의 '재료비'를 수학 용어로 바꾸면 겉넓이가 되므로 다음과 같은 사실이 성립한다.

'만들려는 용기의 겉넓이가 커질수록 제작에 필요한 재료도 비례해서 늘어나므로 비용 역시 증가한다. 반대로 겉넓이가 작아지면 필요한 재료 또한 줄어들어 비용이 감소한다.' 그렇다면 같은 부피일 때 겉넓이가 가장 작은 입체도형은 원기둥일까?

정답은 '아니요'이다. 부피가 일정한 입체도형 중 겉넓이가 최소인 도형은 구(공)이다. 따라서 음료수를 담는 캔을 구 모양으로 만들면 비용이 가장 적게 들어간다. 하지만 구는 쉽게 굴러다니므로 안정적으로 보관하기가 어렵고, 손으로 잡고 먹기도 불편하다. 원은 넓이가 일정한 도형 중 둘레의 길이가 가장 짧은 도형이므로 원과 구의 장점만을 모아 음료수 캔을 원기둥 모양으로 만들면 경제성과 실용성을 모두 만족시킬 수 있다.

그 이유를 구체적으로 살펴보자. 캔의 부피를 1,000cm^3, 높이를

	삼각기둥	사각기둥	원기둥
밑면의 넓이	100cm^2	100cm^2	100cm^2
밑면의 둘레	45.6cm	40cm	35.4cm
기둥의 높이	10cm	10cm	10cm
기둥의 부피	1,000cm^2	1,000cm^3	1,000cm^3
기둥의 겉넓이	656cm^2	600cm^2	554cm^2

10cm라고 가정했을 때 삼각기둥의 겉넓이는 656cm^2, 직육면체의 겉넓이는 600cm^2, 원기둥의 겉넓이는 554cm^{2}가 된다. 따라서 용기를 원기둥 모양으로 제작하면 캔을 만들 때 필요한 철판이 가장 적게 들어간다. 이 역도 성립한다. 즉 같은 양의 재료로 음료수 캔을 만들 때 원기둥의 부피가 가장 크다. 따라서 캔을 원기둥 형태로 제작하면 재료는 가장 적게 사용하지만 보관도 쉽고 먹기도 편하다. 경제성과 실용성을 모두 만족시키는 최적의 선택이 되는 것이다.

두 번째 이유: 안정성

또 다른 이유는 안정성이다. 삼각기둥이나 사각기둥처럼 뾰족한 모서리가 있는 용기는 사람이 다칠 위험성이 크고 압력에도 취약한 구조를 지니고 있다. 각기둥은 어느 한 부분에 압력을 받았을 때 그 충격을 분산하기 어렵다. 반면 원기둥은 모서리가 없어 충격이 구조 전체로 골고루 분산되면서 모양도 잘 변형되지 않는다. 이는 음료수 캔뿐 아니라 다른 물체에도 적용되는 사항이므로 다양한 추론이 가능하다. 예를 들어 나무의 모든 줄기가 원기둥 형태를 띠는 이유도, 바람의 힘을 비롯한 외부의 충격을 분산시켜 자신이 받는 피해를 최소화하려는 방향으로 진화한 결과라는 추측도 해볼 수 있다.

플러스+12

— 고대 이집트에서는 피라미드를 건축할 때 원기둥 모양의 굴림대를 활용해서 돌을 운반했다. 아래 그림에서 각 굴림대의 둘레 길이는 1m이다. 이 굴림대가 1회전할 때 위에 놓인 돌은 얼마만큼 이동할까?

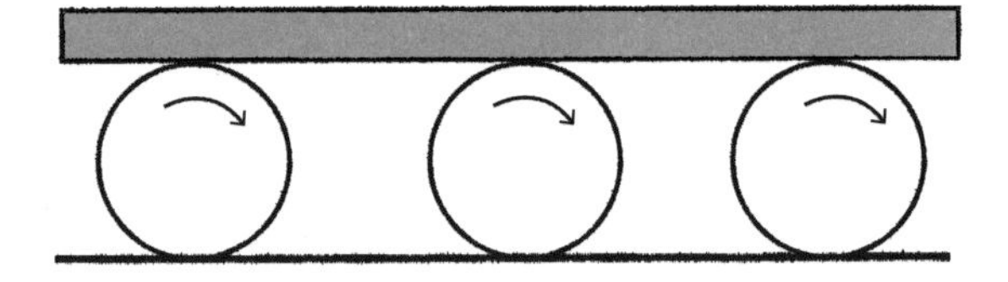

➔ 풀이 244쪽

GPS도 지도도 필요 없다

도로명 주소와 수학

2014년 1월 1일부터 공공기관은 물론 모든 민간 분야에서도 도로명 주소가 전면 사용되고 있다. 전입과 출생, 혼인신고 등 관공서에 제출하는 모든 서류에는 의무적으로 도로명 주소를 기재해야 한다. 이처럼 공공 분야를 중심으로 사용률이 증가하면서 점차 자리를 잡아가고 있다.

그전에 사용되던 지번 주소는 일제 강점기에 토지 수탈을 목적으로 토지조사사업이 실시되면서 1918년부터 사용했다. 대략 백 년 이상 쓰여 왔기에 사람들에게 익숙한 주소 체계다. 반면 도로명 주소는 2011년 7월에 처음 제도 실시를 고시한 후 계도기간을 거쳐 2014년부터 본격적으로 시행되었지만, 적지 않은 시간이 흐른 지금도 여전히 낯설고 혼란스러운 경우가 있다. 그럼에도 정부가 도로명 주소 제도를 강하게 밀어붙이는 이유는 장점이 굉장히 많기 때문이다. 급속한 경제성장과 도시화 과정에서 기존 지번 주소의 체계성이 무너지며 발생한 행정동과 법정동의 이원화,

지번의 연속성 결여, 지번이 경로와 위치 안내의 기능을 제대로 수행하지 못해 발생하는 문제들을 해결하는 데 유리하다.

도로명 주소는 기존 주소와 시·군·구, 읍·면까지는 일치하지만, 동(洞)·리(里), 번지 대신에 도로명과 건물번호를 사용한다. 도로명은 '대로' '로' '길'의 3종류로 구분한다. 도로의 폭이 40m를 넘거나 왕복 8차선 이상의 도로는 '대로', 폭이 12m를 넘거나 왕복 2차선 이상의 도로는 '로'라고 표기한다. '대로'나 '로' 이외의 도로에는 '길'이라는 이름을 쓴다. 도로번호는 도로의 진행 방향을 기준으로 왼쪽으로 갈라진 도로에는 홀수 번호를, 오른쪽으로 갈라진 도로에는 짝수 번호를 붙인다. 예를 들어 '시청로 3길'에서 3은 자연수의 두 번째 홀수이므로 시청로에서 왼쪽으로 갈라지는 두 번째 작은 도로임을 나타낸다.

건물번호는 건물의 정문과 접한 도로를 기준으로 도로가 시작되는 곳에서부터 도로 왼쪽에는 홀수, 오른쪽에는 짝수 번호를 붙이며 20m 구간마다 숫자가 2씩 증가한다. 20m 구간 안에 여러 개의 건물이 있다면 두 번째 건물부터는 가지번호를 덧붙인다. 예를 들어 1번 구간에 건물이 3개가 있다면 첫 번째 건물은 1, 두 번째 건물은 1-1, 세 번째 건물은 1-2라고 쓴다.

도로명 주소는 단순히 건물의 위치만 표시하는 데 그치지 않는다. 간단한 숫자 계산만 할 수 있다면 도로에서 건물까지, 건물에서 건물까지의 거리와 방향 등 다양한 정보를 알 수 있다.

예를 들어 도로명 주소가 '강원도 원주시 서원대로 171'인 원주 시외

도로명 주소 한눈에 보기

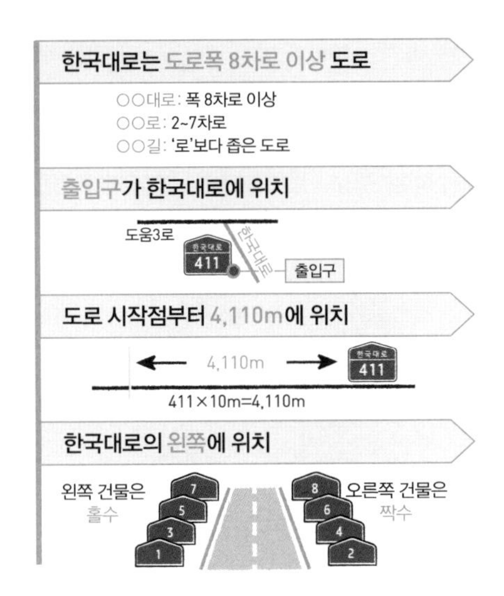

버스 터미널은 서원대로가 시작되는 시점에서 약 1.71km(171×10m) 떨어진 구간의 왼쪽에 있다. 또 도로명 주소가 '강원도 원주시 서원대로 387'인 원주의료원은 서원대로가 시작되는 시점에서 약 3.87km(387×10m) 떨어진 구간의 왼쪽에 있으며, 원주 시외버스 터미널과의 거리는 약 2.1km가 된다. 참고로 건물번호는 도로가 시작되는 곳을 기준으로 20m마다 기초번호를 부여한다. 도로 왼쪽의 건물에는 홀수, 오른쪽의 건물에는 짝수의 번호를 사용하므로 20m마다 숫자가 2씩, 10m마다 1씩 늘어난다. 즉 건물번호가 1씩 커질 때마다 도로의 시작점에서 10m씩 멀어지므로 건물번호에 10m를 곱해서 거리를 계산한다.

도로마다 세워진 도로명 팻말에는 도로명 옆에 1 → 699, 30 → 300

과 같이 숫자를 함께 적어 넣는다. 이 숫자를 이용하면 도로의 전체 길이는 물론 내가 현재 도로의 어디쯤에 있는지도 알 수 있다. 예를 들어 적힌 숫자가 1→699이라면 현재 나는 길이가 6.99km(699×10m)인 도로의 시작 지점에, 30→755라면 길이가 7.55km(755×10m)인 도로의 시작 시점에서 300m 떨어진 곳에 있다는 의미다.

건물번호와 도로명 팻말은 도로가 시작되는 지점에서 서쪽에서 동쪽으로, 남쪽에서 북쪽으로 갈수록 커진다. 따라서 길을 갈 때 오른쪽에 위치한 건물번호가 커지고 있다면(또는 도로명 팻말에는 1→100과 같이 적혀 있다면) 동쪽이나 북쪽으로 이동 중이며, 반대의 경우라면 서쪽이나 남쪽 방향으로 움직이고 있다는 뜻이 된다.

플러스+13

—

1. 도로명 주소에서는 팻말을 이용해 건물의 용도를 알려주고 있다. 도로명 주소에서 사용되는 팻말의 종류와 특징은 무엇일까?

—

2. 원주 시외버스 터미널과 원주 고속버스 터미널은 이웃한 건물이다. 그러나 도로명 주소는 각각 '서원대로 171'과 '서원대로 181'이다. 건물번호가 2가 아닌 10의 차이가 발생하는 이유는 무엇일까?

➜ 풀이 244쪽

바코드와 ISBN에 숨은 수학

오류를 방지하는 고유 번호

마트와 편의점에서 물건을 구입하거나 서점에서 책을 살 때, 계산기 옆에 설치된 스캐너에 바코드만 통과시키면 모든 계산 과정이 끝난다. 그래서인지 바코드에는 상품의 가격, 종류를 비롯한 모든 정보가 들어 있다고 생각하는 사람들이 많다. 그러나 바코드에 찍힌 수십 개의 흑백 막대와 13개의 아라비아 숫자는 상품의 가격과 아무런 관련이 없다.

슈퍼마켓의 관리 효율을 높이기 위해 고안된 바코드는 유럽과 아시아 지역에서 사용되는 EAN(유럽 상품 코드)과 북미 지역에서 사용하는 UPC(통일 상품 코드)로 나뉜다. 한국은 1988년에 EAN으로부터 KAN(한국 상품 코드)을 부여받았다. KAN 코드는 대한상공회의소 유통물류진흥원에서 부여하며, 각 제조업체에서는 이 코드를 이용해 자사에서 생산된 상품에 바코드를 부착한다. KAN 바코드는 표준형과 단축형 두 종류가 있다.

표준형 코드는 국가 코드(3자리)+제조업체 코드(4~6자리)+자체 상품 코드(3~5자리)+체크 숫자(1자리)의 13자리로 구성된다. 이 중 제조업체 코드와 자체 상품 코드에 해당하는 숫자의 개수는 상품의 종류에 따라 달라지지만, 두 코드에 해당하는 숫자의 개수는 모두 9개여야 한다.

위 예시에서 처음 세 숫자 880은 대한민국, 다음 여섯 개의 숫자 103544는 제조업체 코드, 그다음 세 개 789는 상품을 나타내는 자체 상품 코드의 고유 번호다. 마지막 숫자 9는 바코드의 정확성을 보장해주는 체크 숫자다. 체크 숫자를 정하는 공식은 (홀수 자릿수들의 합)+(짝수 자릿수들의 합)×3+(체크 숫자)=(10의 배수)이다.

위 바코드로 체크 숫자를 직접 계산해보자. 체크 숫자를 제외하고 계산을 해보면 (8+0+0+5+4+8)+(8+1+3+4+7+9)×3=121이다. 121이 10의 배수가 되려면 9를 더해야 하므로 체크 숫자에는 9가 와야 한다.

이처럼 짝수 번째 자리의 숫자들에 3을 곱하는 방법으로 체크 숫자를 정하면, 스캐너가 바코드의 숫자 중 한 개를 잘못 읽거나 인접한 두 숫자를 바꿔 입력해서 생기는 거의 모든 오류를 바로잡을 수 있다. 다만 인접한 두 숫자의 차가 5가 될 경우, 이 두 숫자를 바꿔 입력하면 오류를 인식하지 못한다는 단점이 있다. 예를 들어 바코드가 8801037003882인 경우, 38을 83으로 바꿔 8801037008382로 입력해도 그 결과는 10의 배수가 되므로 컴퓨터가 오류를 인식하지 못한다. 따라서 제조업자는 상품 번호를 정할 때 이런 경우가 발생하지 않도록 주의해야 한다.

참고로 바코드에 찍힌 흰색과 검은색의 막대들은 바코드 밑에 적힌 숫자들을 의미하는데, 컴퓨터가 아라비아 숫자를 인식할 때 오류가 발생할 가능성이 높아 바코드를 이용해 0에서 9까지의 숫자를 2진수로 바꿔 인식하도록 만든 안전 장치다.

ISBN의 체크 숫자

책에는 상품 코드에 해당하는 바코드와 함께 국제 표준 도서 번호(ISBN)가 추가로 붙어 있다. ISBN은 관련 문헌 정보와 유통의 효율화를 목적으로 전 세계에서 발행되는 모든 도서에 하이픈(-)으로 구분된 10개의 번호를 인쇄해 나타낸다. 1970년대에 도입된 ISBN은 출판량의 급증으로 기존의 10자리 시스템에서 사용할 수 있는 도서 번호 개수가 한계에 도달했다. 이에 따라 2007년 1월 1일부터 출판되는 도서의 ISBN은 10자리에서 13자리로 변경되었다. 단, 13자리는 새로운 발행자 번호가 아니라 기존 10자리 번호의 맨 앞에 978 또는 979를 덧붙여 사용한다.

ISBN 89-7110-180-6

ISBN에서 978 또는 979를 제외한 첫째 부분은 출판 국가, 둘째 부분은 출판사 번호, 셋째 부분은 출판사 내의 책 번호, 그리고 마지막 부분은 상품 코드(바코드)와 같이 체크 숫자를 의미한다.

상품 코드는 홀수 자리와 짝수 자리 숫자를 구분하는 가중치 방식으로 체크 숫자를 부여하지만, 도서 번호에는 가중치가 없다. 대신 ISBN의 체크 숫자는 10개의 숫자에 10부터 1까지의 자연수를 차례로 곱해서 더한 합이 11의 배수가 되도록 정한다. 그러나 11은 두 자리 숫자이므로 한 자리여야 하는 체크 숫자가 10이 되는 경우가 생긴다. 이때는 ISBN 89−7282−108−X처럼 10 대신에 X를 사용한다.

위 예시에서 ISBN은 89−7110−180−6이므로,

$(8\times10)+(9\times9)+(7\times8)+(1\times7)+(1\times6)+(0\times5)+(1\times4)+(8\times3)+(0\times2)=258$이고 258보다 큰 11의 배수 중 가장 작은 수는 264이므로 체크

숫자는 6이 되어야 한다. 이 방식으로 체크 숫자를 부여하면, 11이 소수이므로 스캐너가 숫자 하나를 잘못 읽었을 때나 인접한 두 숫자를 바꿔 입력했을 때도 오류를 찾아낼 수 있다.

플러스+ 14

— ISBN이 10자리에서 13자리로 변경되면서 체크 숫자를 부여하는 방법도 바뀌었다. 현재 사용되는 13자리 ISBN 번호에서는 상품의 바코드와 같은 방식을 사용한다. 앞의 열두 자리 숫자에 1과 3을 교대로 곱한 후, 이들을 더한 값이 10의 배수가 되도록 체크 숫자를 정한다.

ISBN 978-89-9129-015-□에서 □안에 들어갈 체크 숫자는 무엇일까?

➜ 풀이 245쪽

주민등록번호에 이렇게 많은 정보가 담겨 있었다니

주민등록번호와 수학

행정복지센터나 읍·면사무소에 출생 신고를 하면 개인 고유의 식별 번호인 주민등록번호를 부여한다. 이 번호로 대한민국의 국민이라는 사실을 국가가 증명하며, 다양한 분야에서 개인의 신분을 확인하는 데 활용된다.

주민등록번호는 1962년에 행정 편의를 위해 제정되었던 주민등록법에 근거해 탄생했다. 1968년 1·21사태를 계기로 간첩 식별을 비롯해 국민의 동태 파악과 통제를 수월하게 하려는 목적에서 앞 6자리에 지역을, 뒤 6자리는 성별, 거주세대, 개인 번호를 표기하는 형태로 만들어졌다. 이후 1975년부터 앞 6자리에 생년월일을 넣고 뒤 7자리에 성별, 지역, 출생 신고지, 고유 번호를 넣는 13자리 주민등록번호로 개편되면서 더욱 자세하게 개인의 신상 정보를 담았다. 이렇게 한 사람의 출생 정보를 담은 이 13자리의 주민등록번호에도 수학이 숨어 있다.

잘 알다시피 주민등록번호 앞의 여섯 자리 숫자는 자신이 태어난 생년월일을 나타낸다. 예를 들어 2020년 3월 17일에 태어난 사람에게는 200317이 부여된다. 뒤의 일곱 자리 숫자 중 첫 번째 숫자는 아래 표에 따른 성별을 나타낸다.

태어난 연도	1800~1899	1900~1999	2000~2099
남성	9	1	3
여성	0	2	4
외국인 남성		5	7
외국인 여성		6	8

2~3번째 숫자는 출생 신고지의 고유 번호를 나타낸다.

서울	부산	인천	경기 (주요 도시)	경기 (나머지)	강원
00~08	09~12	13~15	16~18	19~25	26~34
충북	**대전**	**충남**	**세종**	**전북**	**전남**
35~39	40~41	42~43 45~47	44, 96	48~54	55~64
광주	**대구**	**경북**	**경남**	**울산**	**제주**
65, 66	67~70	71~81	82~84 86~91	85, 90	92~95

4~5번째 숫자는 출생 신고를 한 행정복지센터의 번호를 의미한다. 정리하면 2~5번째 숫자 네 자리는 출생 신고지에 있는 행정복지센터의

고유 번호가 된다. 서울 소재 행정복지센터는 0000~0899, 강원도 소재 행정복지센터나 읍·면사무소에는 2600~3499를 부여한다. 이것으로 숫자와 지역 사이의 관계를 대강 유추할 수는 있지만, 개인정보 노출 등을 우려해 정확한 값은 공개하지 않는다.

6번째 숫자는 그날 행정복지센터나 읍·면사무소에 성별로 출생 신고를 한 순서다. 같은 지역의 같은 동에서 같은 날에 같은 성별로 태어난 아이가 2명 이상인 경우는 드물기 때문에 대부분 1번을 부여받는다.

마지막 7번째 숫자는 주민등록번호가 정확하게 부여되었는지를 확인하기 위한 숫자로 위·변조를 방지하는 역할을 한다. 이 값을 구하는 방법 역시 대외비이므로 공개된 적이 없지만, 다음과 같은 방법으로 계산하면 대부분의 경우 주민등록번호의 숫자와 일치한다.

① 주민등록번호를 $xyzuvw-ABCDEFG$로 나타냈을 때, $2x+3y+4z+5u+6v+7w+8A+9B+2C+3D+4E+5F$를 계산한 값을 11로 나누어 나머지를 구한다.
② 11에서 ①에서 구한 나머지를 뺀다.
③ ②에서 구한 값을 10으로 나눈 나머지가 G다.

103쪽의 주민등록증 예시를 이용해 위 설명을 확인해보자. 주민등록번호가 850101－2079518이므로 하니는 1985년 1월 1일생이며, 뒷자리가 2로 시작되므로 여성이다. 이어지는 숫자 0795에서는 서울에 있는 행

정복지센터에서 출생 신고를 했다는 것을, 그다음 숫자인 1에서는 그날 첫 번째로 출생 신고를 했다는 사실을 알 수 있다.

마지막으로 이 주민등록번호가 제대로 부여되었는지를 확인해보자. 102쪽에 제시된 식에 따라 계산하면 $(2\times8)+(3\times5)+(4\times0)+(5\times1)+(6\times0)+(7\times1)+(8\times2)+(9\times0)+(2\times7)+(3\times9)+(4\times5)+(5\times1)=125$이다. 125을 11로 나누면 나머지는 4이다. 이제 11에서 4를 빼면 7이 되고 7을 10으로 나누면 나머지는 7이다. 즉, 끝자리에 7이 와야 하지만 사진에서의 숫자는 8이므로 이 글에서 예시로 든 검증 체계에 의하면 이 주민등록번호는 잘못 부여된 것이다.

다른 경제협력개발기구(OECD) 회원국도 국민 한 사람 한 사람을 식별하기 위한 고유번호를 부여하지만, 우리나라처럼 출생 정보와 지역번호까지 포함한 경우는 없다. 현행 주민등록번호 체계는 금융 거래를 비롯한 각종 신용 정보에 활용되고, 생년월일과 출신 지역을 알 경우 개인의 주민등록번호를 쉽게 추정할 수 있기 때문에 도용 위험성도 높은 편이다. 실제로 주민등록번호, 이름, 전화번호 정보가 함께 유출되어 피해를 보는 사고가 종종 발생한다.

정부에서는 주민등록번호 도용에 따른 피해를 예방하고자 주민등록번호의 수집을 금지하는 법안을 통과시켰다. 또한 2020년 10월부터는 출생과 귀화 등의 사유로 주민등록번호를 새로 부여받거나 변경하는 경우 지역, 출생 순서 등의 정보를 담지 않는다. 대신 차세대 주민등록정보시스템의 자동 부여 기능을 이용해 생년월일과 성별 표시 뒤쪽에 있는 번호 6자리를 임의로 부여한다.

플러스+ 15

— 2020년 10월 이전 주민등록번호 체계에서는 여러 부작용이 발생했다. 실제로 이러한 부작용이 일어난 사례에는 어떤 것들이 있을까?

—

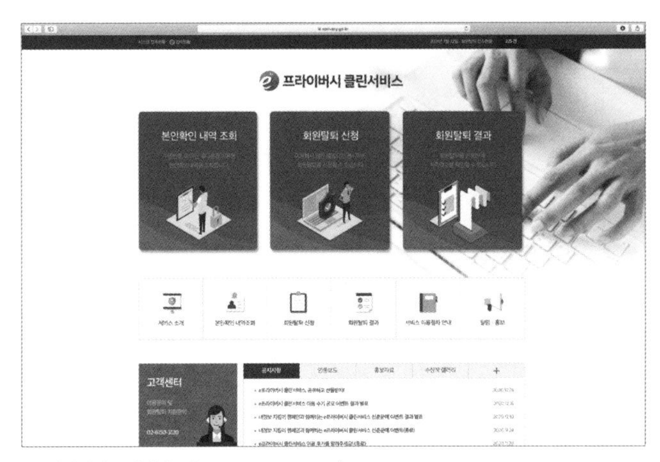

e프라이버시 클린서비스 (www.eprivacy.go.kr)

행정안전부와 한국인터넷진흥원에서는 무료로 본인확인내역 서비스를 제공하고 있다. 수시로 이용해 피해를 예방하자.

➔ 풀이 245쪽

다툼 없는 분배, 수학에 맡겨주세요

공정한 분배

사자와 당나귀와 여우가 힘을 합쳐 사냥을 하기로 했다. 사냥에 성공하자 사자가 당나귀에게 말했다.

"먹이를 나눠야지? 배가 많이 고프군."

당나귀는 사슴을 3등분하고 똑같이 하나씩 가져가라고 말했다. 이 모습을 본 사자는 갑자기 으르렁거리더니 당나귀를 죽여버리고 말았다. 사자는 다시 여우를 보며 말했다.

"이제 자네 차례군. 사슴을 나눠야지?"

처참하게 짓이겨진 당나귀의 시체를 힐끔 쳐다본 여우는 자기 몫은 한 입만 남기고 나머지 전부를 사자에게 바쳤다.

사자가 고개를 끄덕거리며 말했다.

"분배를 꽤 잘하는군. 어디서 배웠나?"

그러자 여우는 다시 죽은 당나귀를 슬쩍 쳐다보며 대답했다.

“제 친구 당나귀가 조금 전에 당한 불행에서 배웠습니다.”

-《이솝 우화》

왕은 칼 하나를 가져오라고 하였다. 신하들이 왕 앞으로 칼을 내오자 왕은 명령을 내렸다. “그 아이를 둘로 나누어 반쪽은 이 여자에게, 또 반쪽은 저 여자에게 주어라.”

-《공동번역 성경 열왕기》

인간의 욕심은 끝이 없어 한정된 자원을 나눠 가질 때는 늘 갈등과 다툼이 뒤따른다. 모두가 공정하다고 생각하는 분배 방법은 없을까?

공정한 분배의 개념을 체계화하고 연구한 대표적인 사람은 폴란드의 수학자 슈타인하우스다. 그는 ‘공정한 분배란 N명이 있을 때 N명 각자가 자신이 생각한 전체 가치에서 적어도 $\frac{1}{N}$을 차지하는 것’이라고 정의했다. 이 정의에 따라 공정한 분배가 이루어지려면 반드시 상대방의 생각을 알 수 없는 상태라고 가정해야 한다. 이것이 분배에서 매우 중요한 조건이다.

어떤 사람들은 ‘서로의 생각을 알지 못하는데 어떻게 공정한 분배가 가능하지?’라며 의문을 품는다. 사이가 돈독하고 서로의 구석구석을 잘 이해해야만 다툼 없는 분배가 이루어진다고 생각하는 사람들도 있다. 그러나 늘 이런 조건에서 분배가 이루어진다면 공정한 분배라는 단어 자체가 생겨나지도 않았을 것이다.

서로를 아는 만큼 상대방을 배려하고 모두에게 이익이 되는 행동을 할 수도 있지만, 상대방의 생각을 역이용해 자신의 이익을 더 많이 챙길 가능성도 있다. 그러므로 수학에서 공정한 분배에 관한 논의는 서로의 생각을 알지 못한다는 가정 아래 출발해야 한다.

공정한 분배는 분배 대상의 분할 가능 여부에 따라 두 가지 경우로 나뉜다. 피자나 케이크처럼 조각으로 나누는 것이 가능한 경우는 '분할 선택법' '고독한 분할자 방법' '마지막 감축자 방법'의 세 가지 방법을 사용한다. 자동차나 아파트와 같이 조각으로 나누면 원래 가치가 사라지는 경우에는 '봉인된 입찰법'을 사용한다.

분할 선택법

건우와 지수는 주말에 피자를 시켜 먹기로 했다. 그런데 피자가 조각 나지 않은 상태로 배달되었다. 각자가 알아서 잘라 먹다간 먹는 속도가 느린 사람이 손해를 보게 되므로 처음부터 피자를 나눠 각자의 몫을 미리 정해놓고 먹기로 했다. 어떤 방법으로 피자를 나눠야 서로가 만족할 수 있을까?

분할 선택법이란 한 사람이 나누고(분할자) 다른 사람이 선택을 하는(선택자) 방법이다. 나누는 사람은 자신이 판단하기에 가장 공정하다고 생각하는 대로 피자를 나눌 것이다. 분할이 끝나면 선택자는 나뉜 두 조각 중 가장 마음에 드는 조각 하나를 선택하면 된다. 선택자가 차지하고 남은 나머지는 당연히 분할자의 몫이다. 분할자는 피자를 나눌 때 어떤 조각이

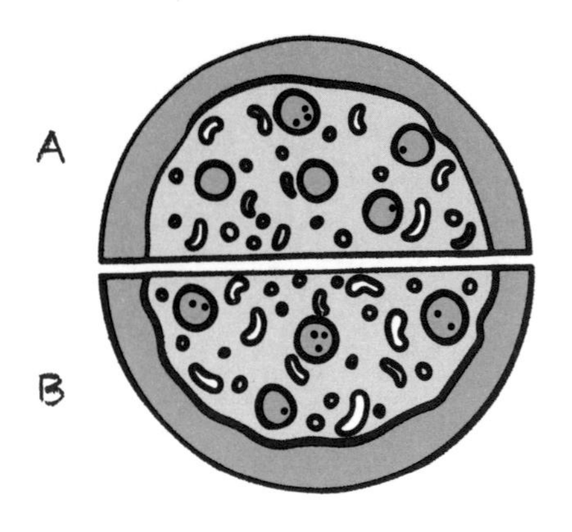

자기 것이 되더라도 만족하게끔 분할했으므로 어느 부분을 차지하더라도 불만이 생기지 않는다.

건우와 지수 역시 분할 선택법을 사용하면 가장 공정하게 분배할 수 있다. 건우가 분할자가 된다면 어떤 조각이 자신의 것이 될지 알 수 없으므로 최대한 정확하게 반을 나누려 할 것이다. 선택자인 지수는 나뉜 조각 중 원하는 것을 가져가면 된다.

고독한 분할자 방법

윤후, 정하, 대산이가 주말에 피자를 시켜 먹기로 했다. 그런데 피자가 조각나지 않은 상태로 배달되었다. 각자가 알아서 잘라 먹다간 먹는 속도가 느린 사람이 손해를 보게 되므로 처음부터 피자를 나눠 각자의 몫을 미리 정해놓고 먹기로 했다. 어떤 방법으로 피자를 나눠야 서로가 만족할 수 있을까?

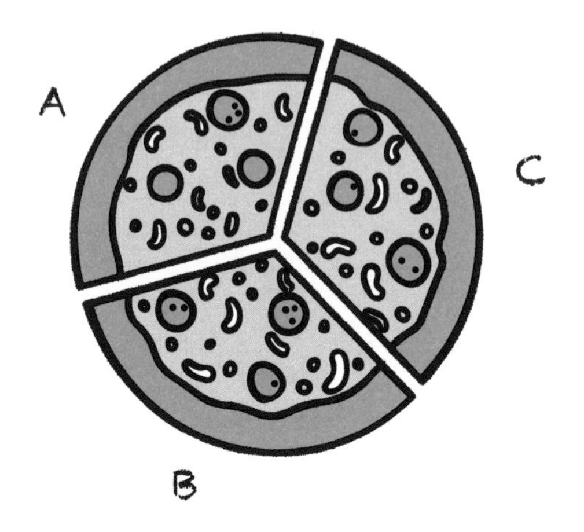

한 사람은 분할을 하고 나머지 두 사람이 선택을 하는 경우를 고독한 분할자 방법이라고 부른다. 정하를 분할자라고 가정하자. 정하는 나뉜 피자 중 어떤 조각을 차지하더라도 만족할 수 있게끔 분할할 것이다. 이 세 조각을 A, B, C라 하자. 이제 나머지 두 사람이 분할된 조각을 선택할 차례다. 윤후와 대산이가 서로 다른 조각을 선택했다면(예를 들어 A, B) 각자가 선택한 조각을 가지면 된다. 정하가 남겨진 조각 C를 가져가면 모두가 만족하는 공정한 분배가 이루어진다.

그러나 윤후와 대산이가 모두 조각 A를 선택했다면, 이때는 남은 조각 B, C 중 하나를 정하가 가진다. 정하가 조각 C를 가졌다고 하자. 이제 남은 피자 조각 A, B를 분할 선택법으로 나누면 된다. 대산이와 윤후 중 한 명이 남은 피자를 한 덩어리로 보고 피자를 다시 두 조각으로 나누는 분할자가 된다. 나머지 한 명이 선택을 하면 셋 모두 만족하는 공정한 분배가 이루어진다. 그렇다면 다음 상황에서는 어떻게 분배해야 할까?

윤성이와 윤일이가 가격이 15,000원인 피자를 시켰다. 피자 가격으로 윤성이가 10,000원을, 윤일이가 5,000원을 지불했다. 이 경우에는 피자를 어떻게 나눠야 두 사람 모두가 만족할까?

아래 설명을 읽기 전에 자신의 힘으로 문제를 해결해보자.

이때는 윤성이와 윤일이가 지불한 금액 비율이 2 : 1이므로, 윤성이를 두 사람이라고 가정한 뒤 고독한 분할자 방법을 적용하면 된다.

마지막 감축자 방법

마지막 감축자 방법은 모든 사람이 분할자이면서 선택자가 되는 분할법이다. 즉 선택한 조각을 마지막으로 줄어들게 만든 사람이 그 조각을 가져간다. 참가자 모두가 동의하면 자른 사람이 그 조각을 가져가지만, 그 조각이 $\frac{1}{N}$보다 더 크다고 생각해 반대하는 사람에게는 자신이 생각하는 $\frac{1}{N}$의 크기로 그 조각을 자르도록 한다. 이렇게 잘라낸 조각은 자른 사람이 가져간다. 마지막 감축법은 토지처럼 고려해야 할 요소가 많은 대상을 나눌 때 유용하다. 개념을 이해하기 어렵다면 앞선 예처럼 동현, 서현, 승빈, 준호 네 명이 피자를 나눠 먹는 경우를 통해 살펴보자.

먼저 동현이가 자신이 판단하기에 피자의 $\frac{1}{4}$에 해당된다고 생각하는 만큼을 잘라낸다. 이때 동현이가 잘라낸 부분이 적당하다고 모두가 동의하면 이 조각을 동현이가 가져가면 된다. 나머지 세 사람은 고독한 분할자

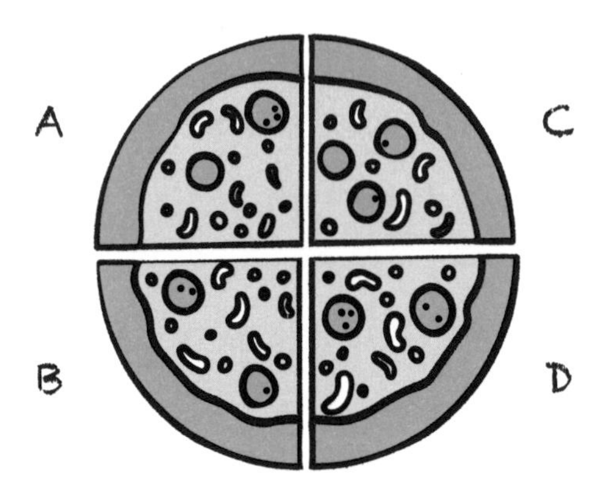

방법으로 피자를 나눈다.

그러나 나머지 세 명 중 서현이가 동의하지 않는다고 하자. 서현이가 동의하지 않은 이유는 이 조각이 전체의 $\frac{1}{4}$보다 크다고 생각하기 때문이다. 따라서 동현이가 잘라낸 조각에서 일부를 덜어내 $\frac{1}{4}$에 적당하다고 생각하는 조각을 만든다. 그리고 이 조각은 서현이가 가져가면 된다. 남은 세 명은 고독한 분할자 방법을 사용해 분배를 계속 진행한다.

만약 서현이와 승빈이 두 명이 동의하지 않는다고 하자. 이때는 서현이나 승빈이 중 한 사람이 동현이가 잘라낸 조각에서 일부를 덜어내어 $\frac{1}{4}$과 같다고 생각하는 조각을 만든다. 둘 중 서현이가 자른다고 가정하자. 이 조각에 승빈이가 동의한다면 이 조각은 서현이가 가져간다. 그러나 승빈이가 이 조각에 동의하지 않는다면 승빈이가 그 조각에서 다시 일부를 덜어내어 $\frac{1}{4}$이라고 생각하는 조각을 만든다. 이 조각은 승빈이가 가져가면 된다. 세 명 모두가 동의하지 않았을 때도 같은 방법을 활용해 분배할 수 있다.

봉인된 입찰법

지영과 기철은 부모님으로부터 아파트 1채와 토지 100평을 유산으로 상속받았다. 부모님은 "유산을 다른 사람에게 절대 팔아서는 안 되며, 반드시 둘 다 만족하도록 나눠 가져야 한다."라는 유언을 남겼다. 이 유언에 따라 유산을 분배하려면 어떻게 해야 할까?

자동차나 아파트처럼 조각으로 나누면 원래 가치가 사라지는 대상을 공정하게 나누는 방법을 봉인된 입찰법이라고 한다. 봉인된 입찰법에서는 공정한 분배를 위해 아래와 같은 3단계의 과정을 거친다.

1단계: 먼저 상속자들은 각 유산에 대해 자신이 생각하는 가치가 얼마인지를 항목별로 적는다. 그리고 각자가 적은 금액의 합을 상속자의 인원수로 나눈다. 이 나눈 값이 상속자 각자의 몫이 된다.

2단계: 각 유산 항목에 대해 가장 높은 금액을 적은 사람에게 그 항목을 배당한다. 이때 1단계에서 구한 자기 몫과의 차이를 계산해 그 차액을 주거나 받는다.

3단계: 2단계의 결과로 받는 가치에서, 1단계에서 구한 자기 몫을 뺀 나머지 금액을 상속자의 인원수로 나눠 공평하게 배분한다.

앞서 제시된 문제에 봉인된 입찰법의 3단계를 차례차례 적용해가며 분배 과정을 구체적으로 살펴보자.

먼저 지영이와 기철이는 아파트와 토지에 대해 자신들이 생각하는 가치가 얼마인지를 적는다. 두 사람이 써낸 금액이 아래 표와 같다고 하자.

재산	지영	기철
아파트	1억 6천	1억 8천
토지	3억	2억 4천
합계	4억 6천	4억 2천

(단위 : 만 원)

1단계: 지영이가 생각한 두 유산의 가치의 합은 4억 6천만 원이고, 상속받는 사람은 2명이므로 자신의 몫은 가치에서 2를 나눈 2억 3천만 원이다. 같은 방법으로 기철이의 몫은 2억 1천만 원이다.

2단계: 상속되는 재산은 그 항목을 가장 높게 평가한 사람에게 배당하기로 했다. 이에 따라 지영이에게는 토지를, 기철이에게는 아파트를 물려준다. 그런데 지영이는 자신의 몫이 2억 3천만 원인데 3억 원 가치의 토지를 상속받았다. 따라서 그 차액인 7천만 원을 현금으로 내놓아야 한다. 한편 기철이는 자신의 몫이 2억 1천인데 가치가 1억 8천인 아파트를 배당받았으므로 자신의 몫보다 3천만 원을 덜 받은 셈이다. 따라서 지영이가 내놓은 7천만 원 중 3천만 원을 기철이가 가져간다. 이제 지영이와 기철이는 자신들이 생각한 몫만큼의 유산을 모두 분배받았다. 두 자녀는 각자가 기대한 몫만큼의 유산을 챙겼으므로 불만을 가질 이유가 없다.

3단계: 지영이가 내놓은 7천만 원에서 기철에게 준 3천만 원을 제외하면 4천만 원이 남는다. 이 4천만 원을 2천만 원씩 지수와 기철이가 똑같이 나눠 갖는다. 이제 유산 분배가 모두 끝났다.

지수와 기철이는 봉인된 입찰법을 사용해 처음에 생각했던 몫보다 각각 2천만 원씩 더 받은 셈이므로 불만의 여지가 없다. 유산을 팔지 않고 모두가 만족하는 분배가 이루어졌으므로 유언을 충실히 지켰다.

"남의 떡이 더 커 보인다."라는 옛말이 있다. 공정한 분배를 통해 자신의 몫으로 정확히 $\frac{1}{N}$을 받았지만 나보다 더 많거나 적게 가진 사람이 보이기도 한다. 분배의 원칙과 과정, 결과에 동의한다는 약속만으로 인간의 이기심을 온전히 충족시키기가 그만큼 어렵다는 이야기다.

수학자들은 분배를 마치고 자신의 몫이 최고라고 여길 수 있는 방법이 존재하는가에 관한 연구를 활발히 진행했다. 그 결과 완벽하게 공정한 분배가 존재한다는 사실을 증명했을 뿐 아니라 방법까지도 찾아냈다고 한다. 이 연구를 더욱 발전시키면 분배로 인해 벌어지는 인간의 다툼은 수학 덕분에 머지않아 없어질지도 모른다.

플러스+16

— 예은, 성수, 호영은 부모님으로부터 아파트 1채, 토지 100평, 보석 1개, 현금 6천만 원을 유산으로 상속받았다.

부모님은 "유산을 다른 사람에게 절대 팔아서는 안 되며, 세 자녀 모두가 만족하도록 나눠 가져야 한다."라는 유언을 남겼다.

이 유언에 따라 유산을 분배하려면 어떻게 해야 할까?

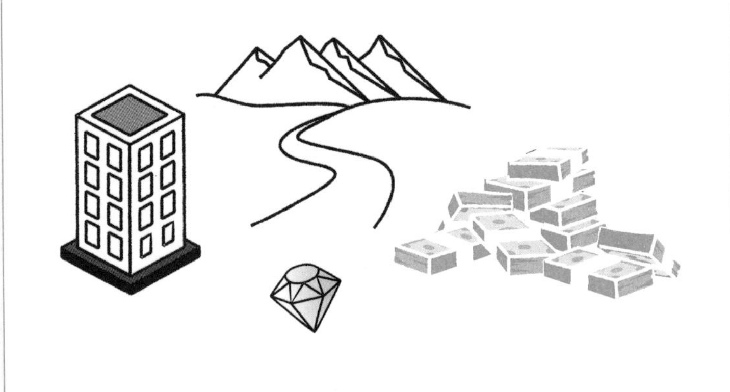

➔ 풀이 245쪽

다수결은 과연 공정한 제도일까?

합리적 의사 결정

흔히 가장 공정한 정치 제도는 민주주의이고 민주주의는 선거로 꽃을 피운다고 말한다. 민주주의 국가에서 국민들은 보통선거, 평등선거, 직접선거, 비밀선거라는 네 가지 원칙에 따라 자신이 원하는 후보자에게 투표하고, 가장 합리적인 의사 결정 제도로 평가받는 다수결의 원칙에 따라 대표자를 선출해 '국민에 의한 지배'를 실현한다.

다수결의 원칙에 따라 치러진 선거에서 득표율은 단순히 당선자를 결정하는 것을 넘어 후보자의 행위에 정당성을 부여하는 역할도 한다. 따라서 낮은 득표율로 선출된 대표자는 자신의 리더십을 충분히 발휘하기 어렵고 시시비비에 휘말릴 가능성도 높다. 우리나라의 제13, 14, 15대 대통령 선거에서는 30% 중반에서 40% 초반의 낮은 득표율로 당선자가 결정되어 국정 운영의 주도권을 잡는 데 어려움을 겪기도 했다. 다수결이라는 제도가 가장 공정하며 국민의 뜻을 충실하게 반영하는지에 관해서는 여러 의견이 있다. 문명이 발전할수록 다양한 이해 관계를 지닌 집단이 늘어나 갈등도 증가하고 있지만, 다수결의 원칙은 이와 관련된 문제들을 해결하는 데 별 도움을 주지 못한다. 오히려 승자 독식을 합리화해주는 제도이므로 다수에 의한 독재를 정당화할 뿐이라는 주장에서도 자유롭지 못하다.

그렇다면 다수결 외에 다른 투표 제도는 없을까? 아래 표를 통해 다양한 투표 제도를 알아보자.

1순위	2순위	3순위	지지자
A	B	C	12명
C	B	A	10명
B	C	A	8명

유권자 30명이 세 명의 후보 A, B, C에 대해 선호하는 순서를 적은 결과가 위 표와 같다고 하자. 첫 줄에 있는 12명의 유권자는 A를 1순위로, B, C를 각각 2, 3순위로 선호함을 나타내고 있다.

A를 1순위로 선택한 유권자가 12명으로 가장 많다. 다수결의 원칙에 따르면 당연히 A가 당선되어야 한다. 그러나 A를 3순위로 선택한 유권자가 18명이나 되므로 A가 전반적인 지지를 받는 후보라고 보기에는 무리가 있다. 그러므로 A를 당선자로 인정하기에 앞서 다른 대안을 모색해야 한다.

점수 투표제

사람들이 선호하는 순서에 따라 차등화된 점수를 부여한 후 투표를 실시하는 방법을 점수 투표제라고 한다. 점수 투표제에서는 투표 후 점수를 합산해 가장 높은 점수를 받은 후보를 최종 승자로 결정한다. 음악 콩쿠르, 미스코리아 선발 대회 등이 이 방법으로 우승자를 결정한다. 이 방식은 다양한 선호도를 반영한다는 장점이 있으나 한 번도 1위를 차지해보지 못한 후보가 당선될 수 있다는 점에서 최선의 투표 제도라고 보기는 어렵다.

118쪽 표에서 1순위 10점, 2순위 8점, 3순위 6점의 점수를 부여한 후 계산을 해보자. A가 당선될까? 꼭 연필을 들고 직접 풀어보길 바란다.

선호 투표제

선호 투표제에서는 다수결과 마찬가지로 과반수를 얻은 후보가 있다면 그 후보가 당선된다. 그러나 과반수의 득표를 한 후보자가 없으면 유권자의 선호도에 따라 후보들의 순위를 매기고, 1순위 표를 가장 적게 받은 후보를 탈락시키면서 탈락된 후보를 지지한 유권자가 2순위로 선택한 후보자에게 표를 몰아준다. 그리고 표를 다시 세어 1순위를 가장 적게 획득한 득표자를 또 제외한다. 이 과정을 계속 진행해서 과반수를 획득한 후보가 나올 때까지 집계를 반복한다.

118쪽 표로 예를 들면, 1순위 표를 가장 적게 받은 B를 탈락시킨 다음 B를 1순위로 뽑은 유권자가 2순위로 선택한 C에게 B의 표를 준다. 이제 C를 1순위로 선택한 사람이 18명이므로 과반수가 되어 C가 당선된다. 선호 투표제는 아카데미상의 작품상 선정, 아일랜드 국회의원 선거, 호주 하원 의원 선거 등에서 활용된다. 이 제도는 한 번의 투표로 당선자를 가리기 때문에 재투표가 필요 없어 시간과 비용이 절약되고, 절대다수제의 원칙도 존중한다는 장점이 있다.

결선 투표제

결선 투표제는 다수결의 원칙에 따라 투표를 실시한 후 과반수를 득표한 후보가 없을 때, 상위 2명을 결선에 올린 다음 그 2명을 후보로 다시 투표를 실시해 당선자를 결정하는 방법이다. 2018년 더불어민주당이 6·13 지방선거 광역단체장(시·도지사) 후보를 결정할 때 결선 투표제를 실시했다.

18세기 프랑스 수학자이자 정치가인 콩도르세는 다수결의 원칙이 가지는 모순을 찾아냈다. 이 모순은 다수결의 원칙 아래 치러진 선거에서 당선된 후보자는 낙선한 어떤 후보와도 일대일로 대결해 이길 것이라는 착각 때문에 발생한다. 이를 '콩도르세의 역설' 혹은 '투표의 역설'이라고 부른다. 예를 들어 A, B, C 3명의 후보가 출마한 선거에서 유권자들이 B보다 A를 선호하고(A>B), C보다 B를 선호한다면(B>C) 당연히 C보다 A를 선호한다고(A>C) 생각할 수 있지만 실제로는 C>A인 경우가 생길 수도 있다는 것이다.

그렇다면 사람들의 다양한 의견을 존중하면서 만족도를 최대로 높이는 선거 제도는 없을까? 1972년 노벨 경제학상을 수상한 미국의 경제학자 케네스 애로는 연구를 통해 모두를 만족시키는 투표 방법이 존재할 수 없다는 사실을 증명했다. 이 증명은 합리적인 제도라는 가치에 몰입되어 다양한 의사 결정을 투표로 결정하기보다, 시간이 걸리더라도 대화와 협상을 통해 합의를 이끌어내는 태도가 더 중요하다고 말해주고 있는 것은 아닐까?

플러스+ 17

— 다음은 어느 대학교의 모의 논술 문제 일부를 재구성한 것이다. 문제를 읽고 답을 구해보자.

한국대학교는 교수 100명의 직접 투표로 총장 선거를 실시했다. 총장 후보자는 A, B, C, D 네 사람이다. 유권자인 교수 100명이 투표용지에 각 후보자의 순위를 적는 방식으로 선거가 진행되었으며, 투표 결과는 다음의 표와 같다.

투표 결과가 발표되었지만, 네 명의 후보들은 각자 자신이 총장이 되어야 한다고 주장한다. 그 근거가 무엇인지 각 후보의 입장에서 설명해보자.

득표수(명)	1위	2위	3위	4위
35	A	B	C	D
1	A	B	D	C
0	A	C	B	D
1	A	C	D	B
0	A	D	B	C
1	A	D	C	B
0	B	A	C	D
0	B	A	D	C
0	B	C	A	D
0	B	C	D	A
0	B	D	A	C
11	B	D	C	A
0	C	A	B	D
0	C	A	D	B
2	C	B	A	D
25	C	B	D	A
0	C	D	A	B
3	C	D	B	A
0	D	A	B	C
0	D	A	C	B
0	D	B	A	C
1	D	B	C	A
0	D	C	A	B
20	D	C	B	A

➔ 풀이 245쪽

바보처럼 계산해야 답이 나온다?

비율을 나타내는 분수의 계산

미국 메이저리그에서 활동했던 추신수 선수는 어제 시합에서 볼넷 2개, 홈런 1개, 삼진 1개를 기록했고, 오늘 시합에서는 볼넷 1개, 2루타 1개, 3루타 1개, 외야 플라이 1개를 기록했다. 두 시합에서 추신수 선수의 타율은 어떻게 될까?

볼넷은 타율 계산에서 빠지므로 추신수 선수의 타율은 어제는 2타수 1홈런인 $\frac{1}{2}$, 오늘은 3타수 2안타인 $\frac{2}{3}$이다. 여기서 두 시합에서의 평균 타율을 계산할 때는 우리가 일반적으로 알고 있는 분모를 통분하는 방식($\frac{1}{2}+\frac{2}{3}=\frac{1\times3}{2\times3}+\frac{2\times2}{3\times2}=\frac{7}{6}$)으로 계산하면 안 된다. 보다시피 이 식은 6번의 타석에서 7번의 안타를 친다는 어처구니없는 결과가 나오기 때문에 잘못된 계산이라는 것이 금방 드러난다. 두 시합에서의 평균 타율을 구한다고 해서 위의 계산 결과를 2로 나눈 $\frac{7}{12}$도 맞는 답이 아니다. 어제는 2

타수 1안타, 오늘은 3타수 2안타를 기록했으므로 5타수 3안타가 되어 $\frac{3}{5}$가 올바른 풀이법이다. 즉 마치 분수를 처음 접하는 아이처럼 $\frac{1}{2}+\frac{2}{3}=\frac{1+2}{2+3}=\frac{3}{5}$로 계산해야 한다. 예를 하나 더 살펴보자.

> 보험 설계사인 보장해 씨는 어제는 8명의 고객과 만나서 5건, 오늘은 7명의 고객과 만나서 4건의 보험 계약을 성사시켰다. 보장해 씨의 보험 계약 성공률은 얼마나 될까?

이 경우에도 타율을 구할 때처럼 $\frac{5}{8}+\frac{4}{7}=\frac{9}{15}$로 계산을 해야 정확한 답이 된다.

두 문제에서 살펴봤듯이 옳은 답을 얻으려면 수학 시간에 배운 대로 분모를 통분한 후 덧셈을 하면 안 된다. 분모는 분모끼리, 분자는 분자끼리 더해서 계산해야 한다. 이와 같은 계산 방법을 **바보 셈** **Freshman's sum** 이라고 부른다. 비율을 나타내는 분수를 계산할 때는 오히려 수학적으로 엉뚱하고 바보 같아 보이는 셈법을 사용해야 한다.

과학은 '실험과 검증'이라는 과정을 거쳐 새로운 이론의 가치를 결정한다. 이와 달리 수학은 실험과 검증 대신 단지 증명의 과정만이 필요하다. 증명을 통해 논리적 결함이 발견되지 않는다면 비유클리드 기하학(43쪽 참고)처럼 새로운 수학 체계를 만드는 데 어떠한 제약도 없다. 이 말은 바보 셈처럼 기존의 분수와는 다른 방법으로 계산을 해도 논리적으로 모순만 없다면 자신만의 새로운 수학을 만들어도 좋다는 뜻이다. 국가별로 언어와 제도가 다르듯 다양한 논리 체계를 가진 수학이 동시에 존재할 수 있다는 의미이기도 하다. 하지만 바보 셈은 다른 유형의 문제들을 해결하는 데는 별 도움을 주지 못하기 때문에 일반적으로 받아들여지지 않는다. 새롭게 만들어지는 수학의 가치 역시 유용성, 즉 다양한 상황을 얼마나 잘 설명할 수 있는지에 따라 결정된다.

바보 셈법의 활용, 페리 수열

프랑스는 1789년 대혁명을 계기로 미터법을 도입했다. 기하학자인 샤를 아로는 기존에 통용되던 단위를 미터법으로 바꿀 때 필요한 계산을 좀 더 간편하게 하기 위해 분모가 100보다 작은 0과 1 사이의 모든 기약 분수들과 소수들의 변환표를 작성했다. 127쪽 숫자들은 샤를 아로가 작업한 0과 1 사이의 모든 기약 분수들 중 일부다. 여기에서 임의의 연속된 세 개의 분수를 선택하면 '가운데 분수=앞의 분수+뒤의 분수'이므로 바보 셈이 성립한다는 사실을 알 수 있다. 예를 들어 연속된 세 분수가 $\frac{1}{3}$, $\frac{2}{5}$, $\frac{1}{2}$라면 $\frac{2}{5}=\frac{1}{3}+\frac{1}{2}$이 된다. 이 수열을 페리 수열이라고 부르는데 정확한 정의는 다음과 같다.[8]

8 영국의 지질학자 존 페리는 샤를 아로가 발견한 사실을 재발견하고 그 내용을 학회지에 발표했는데, 이 논문을 접한 코시가 여기에 증명을 덧붙이면서 이 수열을 페리 수열이라고 부른 이후로 최초 발견자인 아로가 아닌 페리의 이름이 붙어 페리 수열이 되었다.

9 소수들이 일정한 패턴으로 분포할 것이라는 리만 가설은 2000년 미국 클레이수학연구소가 증명에 성공하면 100만 달러의 상금을 주겠다고 약속한 '밀레니엄 7대 수학 난제' 중 하나다.

0부터 1까지의 유리수 중 분모가 n 이하인 기약 분수를 작은 수부터 차례로 나열한 수열을 n차 페리 수열이라 부르며 Fn으로 나타낸다.

F_1 $\{\frac{0}{1}, \frac{1}{1}\}$

F_2 $\{\frac{0}{1}, \frac{1}{2}, \frac{1}{1}\}$

F_3 $\{\frac{0}{1}, \frac{1}{3}, \frac{1}{2}, \frac{2}{3}, \frac{1}{1}\}$

F_4 $\{\frac{0}{1}, \frac{1}{4}, \frac{1}{3}, \frac{1}{2}, \frac{2}{3}, \frac{3}{4}, \frac{1}{1}\}$

F_5 $\{\frac{0}{1}, \frac{1}{5}, \frac{1}{4}, \frac{1}{3}, \frac{2}{5}, \frac{1}{2}, \frac{3}{5}, \frac{2}{3}, \frac{3}{4}, \frac{4}{5}, \frac{1}{1}\}$

비록 바보 셈에 바탕을 두었지만, 심도 깊은 연구가 거듭되면서 수학적 가치를 지닌 다양한 결과들이 발표되고 있다. 그중 하나가 페리 수열과 리만 가설[9] 사이에 밀접한 관련이 있다는 사실을 밝혀낸 제롬 프라넬과 에드문트 란다우의 증명이다.

플러스+ 18

신바람 씨는 차에 가족을 태우고 고속도로를 2시간 동안 200km 달린 후, 3시간에 걸쳐 255km를 더 달려 목적지에 도착했다.

이때 신바람 씨가 운전한 자동차의 평균 속력은 얼마일까?

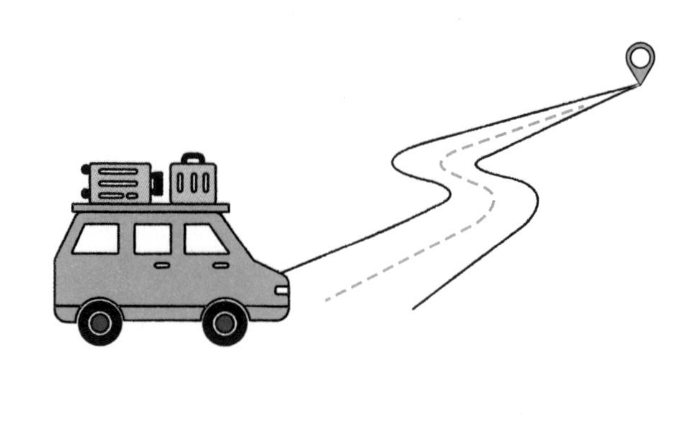

→ 풀이 246쪽

가격이 싼 커피와 양이 많은 커피 중 어느 것을 사야 할까?

할인율의 함정

승윤이는 엄마와 마트에서 장을 보고 있었다. 승윤이는 자신이 평소에 즐겨 먹던 과자에서 '2+1 할인'이라는 표시를 발견했다.

"엄마, 과자 2개를 사면 1개를 덤으로 준다고 하네요. 싸게 파는데 사면 안 될까요?"

"두 개를 사면 한 개를 공짜로 받으니 할인율이 무려 50%나 되는구나. 그럼 사자꾸나."

엄마의 말을 듣던 승윤이는 말했다. "엄마가 생각하는 만큼 할인율이 그렇게 크지 않아요."

재윤이는 엄마와 옷가게에 가서 옷을 고르고 있었다. 엄마가 재윤이에게 물었다.

"재윤아, 네가 입고 싶어 하는 옷을 50%나 할인 판매하는데 사 줄까?"

"엄마, 저 옷은 50%를 할인해서 판매하는 게 아니라 30% 할인에 추가로 20%로 더 할인해서 팔고 있는데요."

"재윤아, 네 얘기는 30% 할인에 20%를 추가 할인해서 판매하는 것이 50%를 할인해서 파는 것과 다르다는 말이니?"

백화점이나 대형 마트에서는 매출을 높이려 다양한 할인 행사를 실시한다. 이때 할인의 유혹에 이끌려 저렴한 가격으로 물건을 구매하려고 행사장을 찾았다가 결제 금액이 예상보다 많이 나와 당황하는 경우가 있다. 이런 일이 벌어지는 주된 이유는 소비자들이 계획적이고 합리적인 소비보다는, 할인율의 의미를 정확하게 따져보지 않고 숫자에 현혹되어 충동 구매를 하게 되는 경우가 많기 때문이다.

먼저 승윤이의 '2+1 할인' 이야기를 생각해보자. 2개를 사면 1개를 덤으로 받으니 50% 할인된 물건을 산다고 생각하는 사람들이 제법 많다. 그러나 이 말은 1,000원짜리 물건 3개를 2,000원에 판다는 의미이므로 정확한 할인율은 33.3%다. 판매자는 사람들이 33.3% 할인보다 '2+1 할인'이 더 저렴하다고 생각하는 심리를 이용해 구매 욕구를 부추긴다.

재윤이의 이야기에서 '50% 할인'은 말 그대로 정가가 10,000원인 물건을 5,000원에 판매한다는 의미다. 그러나 '30% 할인에 추가 20% 할인'은 30(%)+20(%)=50(%)의 의미가 아니다. 정확한 의미는 30%가 할인된 가격에서 20%를 추가로 할인해준다는 의미다. 예를 들어 10,000원짜리 물건을 30% 할인하면 7,000원이 되고, 이 가격에서 추가로 20%를 할인하면 물건의 최종 가격은 5,600원이므로 44%가 할인된 셈이다. 따라서 50% 할인보다 6%, 즉 600원을 더 지불해야 한다. 그러나 두 개를 같은 의미로 알고 있는 사람들이 적지 않다.

할인 행사를 활용하면 물건을 보다 저렴한 가격에 구입할 수 있다는 이점은 있지만, 종종 계획되지 않은 소비를 유발하는 경우가 생긴다는 사실에 주의해야 한다. 몇 % 차이가 대수롭지 않다고 생각하는 사람들도 있으나 이런 경우가 조금씩 쌓이면 굉장히 큰 낭비가 된다. 귀찮다는 생각에 할인율을 대충 생각하지 말고 수학적으로 꼼꼼히 따져보는 습관을 들이기 바란다. 아래 질문에 답해보자.

가격이 40% 할인된 커피와 양이 40% 더 많은 커피 중 어느 것을 사야 할까?

커피 100g의 정가가 10,000원이라고 가정하면 커피 1g의 가격은 100원이다. 이 커피를 40% 할인된 가격으로 판매하면 커피의 가격은 6,000원이므로 커피 1g의 가격은 60원이 된다.

커피의 양을 40% 더 제공한다면 커피의 무게는 100g에서 140g으로 늘어나지만, 가격은 그대로 10,000원이다. 이 경우 커피 1g의 가격은 약 71원이다. 따라서 가격이 40% 할인된 커피를 구매하는 것이 이득이다. 마지막으로 하나만 더 연습해보자.

할인 후 인상과 인상 후 할인, 어느 쪽을 선택해야 할까

1. A, B 두 곳의 마트에서 삼겹살을 같은 값으로 팔고 있다. 가격 경쟁 때문에 A마트에서는 삼겹살 가격을 10%, B마트에서는 20%를 내렸다. 얼마 후 B마트를 의식한 A마트가 추가로 20%를 할인해 판매하기 시작하자, B마트에서도 10%를 더 깎아주겠다고 했다. 어느 곳의 삼겹살 값이 더 저렴할까?

2. A마트에서는 삼겹살의 가격을 10% 내렸다가 적자가 발생하자 10%를 인상했다. 반면에 B마트에서는 가격을 10% 올렸다가 고객들의 항의가 이어지자 10%를 할인해서 판매하고 있다. 어느 곳의 삼겹살 값이 더 저렴할까?

두 문제에서 마트 A, B의 가격은 모두 같다. 수식을 세워 확인해보자.

복잡하지 않다.

1번 문제에서 처음 삼겹살의 가격을 a라고 하면, 필요한 식은 $a(1-0.2)(1-0.1)$, $a(1-0.1)(1-0.2)$이므로 두 경우 모두 똑같은 결과가 나온다.

2번 문제에서 처음 삼겹살의 가격을 a라고 하면, 필요한 계산식은 $a(1-0.1)(1+0.1)$, $a(1+0.1)(1-0.1)$이므로 같은 값이 나온다. 따라서 가격에 차이는 없다. 그러나 두 식의 결과는 모두 $0.99a$이다. 삼겹살 가격을 10%라는 똑같은 비율로 내렸다가 올렸지만, 처음 가격으로 돌아오지 않고 1%가 할인되었다. 물론 순서를 바꿔 가격을 올렸다가 내린 경우도 마찬가지다.

플러스⁺ 19

— 앞서 살펴본 것처럼 물건값을 같은 비율로 내렸다가 올리면 (또는 같은 비율로 올렸다가 내리면) 원래의 가격으로 돌아오지 않는다. 그 이유는 무엇일까? (아래의 산술평균과 기하평균에 관한 설명을 참고해 생각해보자.)

다음은 고등학교 1학년 때 배우는 산술평균과 기하평균에 관한 정리다.[10]

$a>0$, $b>0$일 때, $\frac{a+b}{2} \geq \sqrt{ab}$ 이다.(단, 등호는 $a=b$일 때 성립한다.)

여기에서 $\frac{a+b}{2}$을 산술평균, $\sqrt{ab}$를 기하평균이라고 부르며 산술평균이 기하평균보다 항상 같거나 크다.

10 산술평균은 사람들이 일반적으로 생각하는 평균으로, 자료를 모두 더한 다음 n으로 나누어 구한다. 반면에 기하평균은 자료들을 모두 곱한 다음 n제곱근을 취해서 얻는다. (단, 자료의 개수를 n이라 한다.) 연간 경제성장률, 물가 인상률, 연간 이자율 등의 평균을 계산할 때 기하평균 대신에 산술평균을 사용하면 평균의 왜곡이 발생한다. 예를 들어 어느 투자 회사의 수익률이 2019년에는 -50%, 2020년에는 50%였다고 가정하자. 평균 수익률은 산술평균으로는 0이 되지만 기하평균으로 계산하면 -13%가 된다.

➔ 풀이 246쪽

쉬어가기

소수와 비대칭 암호

공개된 암호화 열쇠를 활용해 누구나 암호문을 보낼 수 있지만, 해독에 필요한 열쇠는 수신자만이 알고 있는 암호 체계를 '공개키 방식의 암호'라고 한다. 암호를 만들 때와 풀어낼 때 사용하는 열쇠가 다르기 때문에 비대칭 암호라고도 부른다. 공인인증서 등에 활용되는 RSA 암호가 공개키 방식(비대칭) 암호의 대표적인 예다.

RSA 암호는 숫자가 커질수록 소인수분해가 어려워진다는 단순한 원리를 이용해 설계되었다. 암호를 생성하는 과정은 다음과 같다.

만든 사람만이 알 수 있는 두 소수를 곱한 숫자로 암호화 작업을 한 다음 곱한 값을 공개한다. 그러나 암호를 풀려면(복호화) 곱해진 두 소수를 알아야 하는데, 그 숫자는 공개하지 않는다. 즉 암호문을 풀기 위해서는 공개된 숫자를 2개의 소수로 소인수분해해야 한다. 그런데 이 숫자가 커지면 커질수록 원래의 두 소수를 찾기가 매우 어려워진다는 특성이 있다.

소인수분해란 10=2×5, 123=3×41과 같이 임의의 자연수를 소수의 곱으로 나타내는 것을 말한다. 이때 곱해진 숫자가 커질수록 소인수분해에 요구되는 시간이 기하급수적으로 늘어난다. 1977년, RSA 암호 체계의 안정성을 시험하기 위해 〈사이언티픽 아메리칸〉지에 129자리의 숫자를 소인수분해하라는 문제가 실린 적이 있다. 제시된 숫자는 다음과 같다.

114381625757888867669235779976146612010218296
721242362562561842935706935245733897830597l
2356395870505898907514759929002687954354l

이 문제를 해결하기 위해 세 명의 수학자가 수백 명에 이르는 자원봉사자와 1,600여 대에 이르는 컴퓨터의 도움을 받아 소인수분해를 시도했다. 풀이는 네트워크를 이용한 작업 분담 형식으로 진행되었는데, 1994년에 풀이를 시작한 뒤 8개월이 지나서야 결과가 나와 RSA 암호 체계의 안정성이 입증되었다. 정리하면, RSA 암호는 소수를 이용해 대응하는 값을 계산하기는 쉽지만 역대응하는 값은 계산하기 어렵게 만든 암호 체계다.

현대 암호 기술은 컴퓨터의 발달과 정수론, 타원곡선, 대수기하, 조합이론 등 다양한 수학 이론이 뒷받침되어 비약적으로 발전을 거듭하는 중이다. 비밀번호, 패턴인식, 생체인식 암호에 이어 머지않아 꿈의 암호라는 양자 암호도 등장할 것으로 보인다.

3장

수학자가 《걸리버 여행기》를 읽고 독후감을 쓴다면?

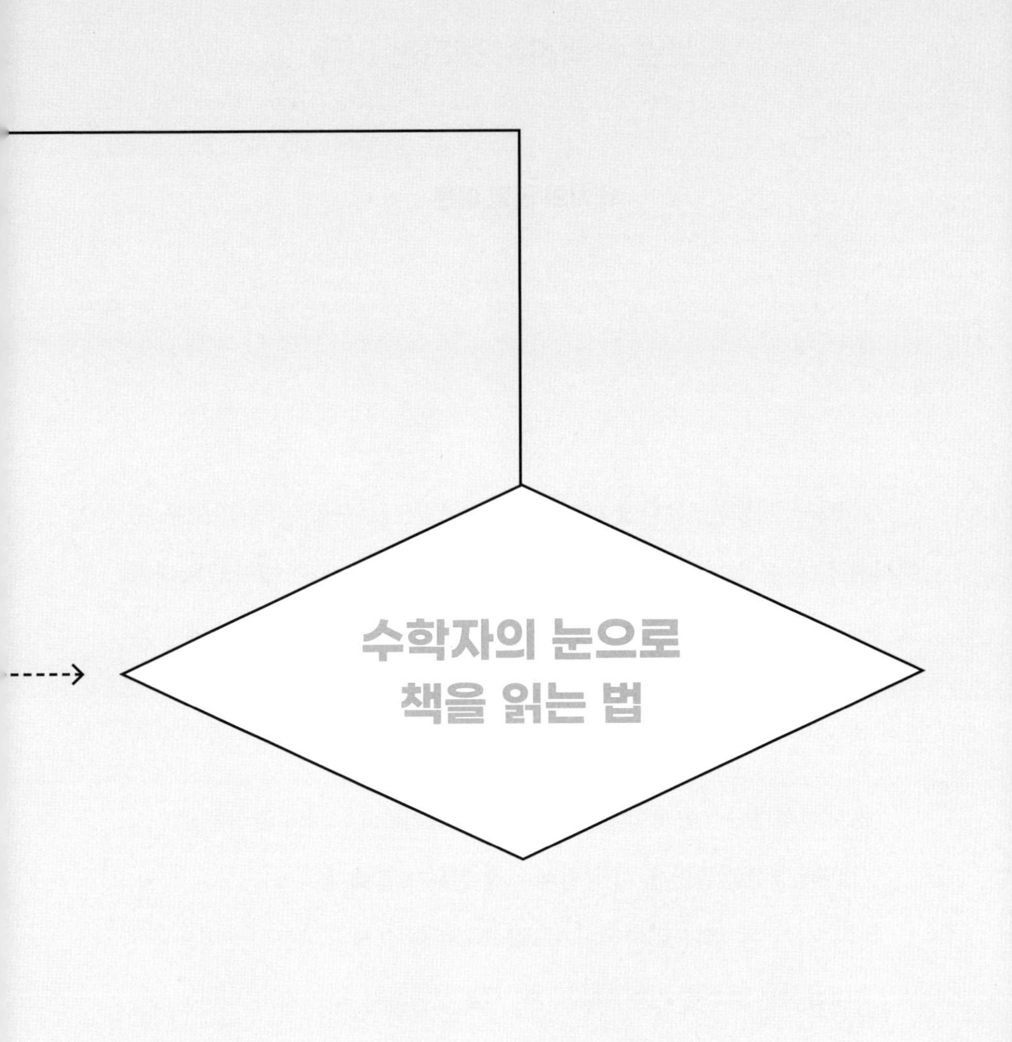
수학자의 눈으로
책을 읽는 법

최선을 선택하지 못하는 이유

내시의 균형 이론

2002년 개봉한 〈뷰티풀 마인드〉는 조현병으로 수십 년 동안 고통 속에서 힘든 삶을 살다 노벨 경제학상을 받은 천재 수학자 존 내시의 일대기를 그린 영화다. 다음은 〈뷰티풀 마인드〉의 한 장면으로, 대화 속에는 존 내시가 주장했던 중요한 수학 이론이 숨어 있다.

존 내시와 친구들은 술집에서 금발 미녀를 둘러싸고 그녀의 환심을 얻기 위해 경쟁을 벌인다. 이 상황에서 한 친구가 말했다.

"각자가 이기적으로 자신의 이익을 추구하면 그게 곧 공공의 이익을 극대화하는 결과를 가져온다고. 자! 서로 고민하지 말고 각자 미인을 차지하기 위해 노력해보자. 승자는 결국 한 명뿐이겠지만, 그게 곧 최선의 결과가 될 거야."

이 말은 들은 존 내시는 다음과 같이 다른 의견을 제시한다.

"우리가 저 금발 미녀를 차지하려고 쟁탈전을 벌이면 그녀의 콧대가 높아져서 누구도 그녀를 차지할 수 없어. 더군다나 그러고 나서 그녀의 친구들에게 접근하면 친구들은 우리를 매몰차게 거절할 거야. 대타 기분 알잖아. 그런데 우리 모두가 저 금발 미녀를 넘보지 않는다면? 쟁탈전은 없고, 그녀의 친구들도 기분이 상하지 않아. 그러면 누구도 금발 미녀를 차지할 수는 없는 대신 우리 모두 그녀를 포함한 친구들과 즐거운 시간을 보낼 수 있지. 그게 다 같이 이기는 길이고 다 같이 즐기는 길이야."

애덤 스미스는《국부론》에서 사회의 구성원 개개인이 자신의 이익을 위해 최선을 다하면 사회 전체에 이롭다는 이론을 전개했다. 반면 존 내시는 개인의 이익을 먼저 생각하는 이기심이 집단에게 항상 이득을 가져온다는 애덤 스미스의 생각을 정면으로 부정하며, 개인의 이익을 위한 경쟁보다는 전체를 배려하며 협력할 때 더 많은 이득을 얻게 된다는 주장을 펼쳤다. 이 주장을 바탕으로 〈균형 이론〉이라는 논문을 발표한 존 내시는 학계의 주목을 받으며 승승장구한다. 참고로 영화에서는 소련의 암호 해독 프로젝트에 비밀리에 투입된 존 내시가 조현병을 앓게 되면서 겪게 되는 고통과 노벨 경제학상을 수상하기 전까지의 삶을 그려낸다.

죄수의 딜레마

내시의 균형 이론을 간단하게 설명하면 내 이익과 상대방의 이익이 서로 충돌할 때, 나와 상대방은 서로에게 이득이 되는 전략보다는 상대방이 어떻게 행동할 것인가를 예상한 뒤 내가 어떻게 행동해야 가장 유리한지를 결정한다는 것이다. 가장 유명한 게임 이론인 '죄수의 딜레마'를 활용해 균형 이론을 설명해보자.

범죄를 저지른 범인 A, B가 경찰에 체포되었다. 경찰은 A, B가 저지른 일부 범죄의 증거를 확보했으나 나머지 범죄에 대해서는 물증을 확보하지 못한 상태다. 경찰은 범인들이 서로 마주치지 못하게 분리된 장소에서 심문을 진행한다. 이때 범인들의 자백을 종용하기 위해 범인 A와 B에게 다음과 같은 조건을 똑같이 제시한다.

"만약 당신이 자백한다면 수사에 협조한 점을 참작해 징역 1년에 처해진다. 그러나 자백하지 않은 상대방은 범죄를 숨긴 죄를 추가해 징역 10년의 벌을 받는다. 만약 둘 다 자백하게 되면 정상참작 없이 모두 징역 5년의 벌을 받게 된다. 아무도 자백하지 않는다면 현재까지 입증된 죄만 물어 1년 동안 감옥살이를 해야 한다."

두 명의 범인 A와 B는 마주치지 못하도록 분리되어 심문을 받는 상태이므로 서로 협의할 수는 없다. 자백(배신)하겠는가? 아니면 끝까지 침

	A 침묵	A 자백
B 침묵	모두 징역 1년	A 징역 1년 B 징역 10년
B 자백	A 징역 10년 B 징역 1년	모두 징역 5년

묵(신뢰)하겠는가?

이와 같은 상황에 처하면 사람들은 어떤 선택이 자신에게 이득이 되는지를 가장 먼저 생각하게 된다. 자신의 이익만을 생각한다면 당연히 상대방을 배신하고 무조건 자백을 하는 편이 유리하다. 그 이유를 범인 A의 입장에서 생각해보자. 만약 상대방(B)이 자백하는 경우에 A가 자백하면 5년, B가 자백을 하고 A가 침묵하면 10년 형을 받는다. 한편 B가 침묵하는 경우에 A가 자백하면 1년, 침묵하면 1년 형을 받는다. 범인 A의 입장에서는 B가 어떤 선택을 하더라도 자신이 자백을 하는 것이 침묵할 때보다 항상 유리하다. 따라서 무조건 자백하는 편이 현명한 선택이 된다. 이것은 범인 B의 입장에서도 마찬가지다. 결국 둘 다 징역 5년의 처벌을 받게 된다.

각 개인은 자신에게 가장 유리한 선택을 했지만, 전체로 따졌을 때의 결과는 어느 누구도 원하지 않는 상황이 되고 말았다. 죄수의 딜레마가 보여주듯이 상호 신뢰에 바탕을 둔 협력은 서로에게 이득이 되는 최선의 결과를 가져온다. 그러나 전체보다는 자신을 먼저 생각하는 이기심 때문에 최선이 아닌 최악을 선택한다.

플러스+ 20

— A, B, C 세 악당은 한 사람만 살아남을 때까지 한 번에 한 발씩 상대방에게 총을 쏘는 결투를 하게 되었다.

A의 명중률은 30%, B의 명중률은 80%, C의 명중률은 100%이다. 사격 순서는 제비뽑기로 A가 제일 먼저 쏘고, 다음으로 B, 마지막으로 C가 쏜다.

결투가 끝날 때까지 이 순서로 계속 돌아가며 상대방을 쏴야 하며, 총을 겨눌 대상은 자유롭게 선택할 수 있다.

이 결투에서 A가 자신의 생존율을 최대한 높이려면 어떻게 해야 할까?

풀이 247쪽

역설, 걸림돌일까 디딤돌일까?

제논의 역설

> 그들 중 한 사람이 "우리 그레데 사람들은 언제나 거짓말쟁이고, 몹쓸 짐승이고, 먹는 것밖에 모르는 게으름뱅이다."라고 말하지 않았습니까? 이 말을 한 사람은 바로 그들의 예언자라는 사람입니다.
>
> -《공동번역 성경 디도서》

글에 따르면 예언자는 그레데 사람이다. 그렇다면 이 예언자의 말은 참일까 거짓일까?

예언자의 말대로 그레데 주민들은 언제나 거짓말쟁이고 몹쓸 짐승이라 하자. 예언자의 말이 참이라면 자신도 그레데 출신이므로 그 역시 거짓말을 일삼는 사람이다. 따라서 '그레데 주민들은 언제나 거짓말쟁이'라는 그의 말은 거짓이 되고 만다. 반대로 예언자의 말이 거짓이라면, 즉 그레데 주민들 중에 정직한 사람이 존재한다면 상황이 복잡해진다. 만약 예언자가 정직한 사람이라면 그의 말은 참이어야 한다. 그렇지만 예언자가 거짓말쟁이라면 그의 말 역시 거짓이 된다. 따라서 예언자의 말은 참인지 거짓인지를 판정할 수 없는 모순에 빠진다.

수학은 엄밀한 논리를 바탕으로 참과 거짓을 분명히 구분하는 학문이다. 이와 같은 특성 때문에 수학은 직관이나 상식에서는 벗어날 때도 있지만, 나름의 논리적인 근거를 앞세워 수학의 기초를 흔드는 역설이 발생하지 않도록 세심하게 주의를 기울인다. 그럼에도 해결하는 데 2,000년 이상이 소요된 '제논의 역설'을 비롯해 다양한 역설들이 존재해왔다. 제논이 제기했던 유명한 역설 몇 가지를 풀어보자.

거북이와 아킬레스의 달리기 역설

거북이와 거북이보다 10배 빨리 달리는 아킬레스가 100m 달리기 시합을 한다고 하자. 거북이의 달리는 속도가 느리므로 공정한 시합을 위해 거북이가 아킬레스보다 10m 앞에서 출발한다면, 아킬레스는 영원히 거북이를 따라잡지 못한다. 왜냐하면 아킬레스가 10m를 달리는 동안 거북이는 1m를 달린다. 다시 아킬레스가 1m를 따라가면 거북이는 10cm 앞으로 가고, 아킬레스가 10cm를 쫓아가는 사이 거북이는 1cm를 가는 상황이 반복되기 때문이다. 둘 사이의 거리는 점점 줄어들겠지만, 거북이는 항상 아킬레스보다 앞에서 움직이기 때문에 아킬레스는 영원히 거북이를 따라잡지 못한다.

이 역설에는 '아무리 작은 값이라도 무한히 더하면 그 값은 한없이 커

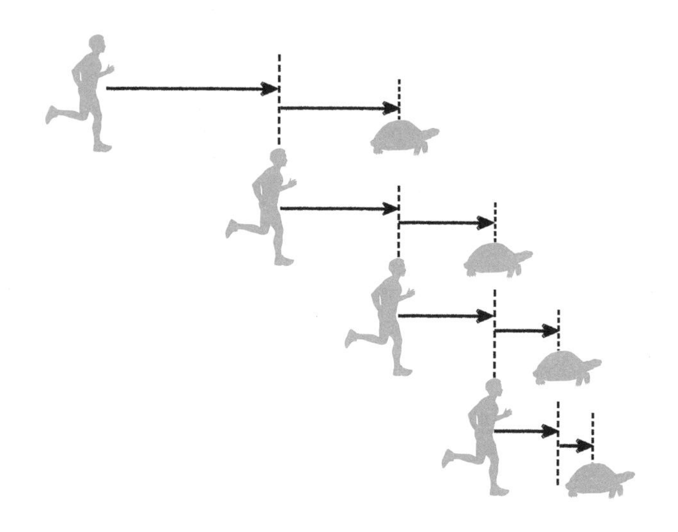

진다.'라는 전제가 깔려 있다. 그러나 33쪽에서 설명한 것처럼 '티끌도 티끌 나름'이므로 $\frac{1}{2}+\frac{1}{4}+\frac{1}{8}+\frac{1}{16}\cdots+=1$처럼 무한히 더해 나가더라도 그 합이 유한한 값으로 수렴하는 경우가 많다.

이 문제의 경우도 아킬레스가 거북이를 만날 때까지 달린 거리를 계산해보면 $10+1+0.1+0.01+0.001+\cdots=11.111\cdots=\frac{100}{9}$(m)이므로 둘은 $\frac{100}{9}$(m)에서 만난다. 이후부터는 아킬레스가 거북이를 추월하게 된다. 극한의 개념을 빌려 이 역설이 틀렸음을 설명했지만 뭔가 부족하다는 느낌이 든다. 제논의 역설을 하나 더 살펴보자.

경기장의 역설

148쪽 그림에서 ①처럼 정렬한 세 집단이 있다. A줄은 정지 상태이고, B줄은 일정한 속력으로 오른쪽으로 이동하고, C줄은 B줄과 같은 속

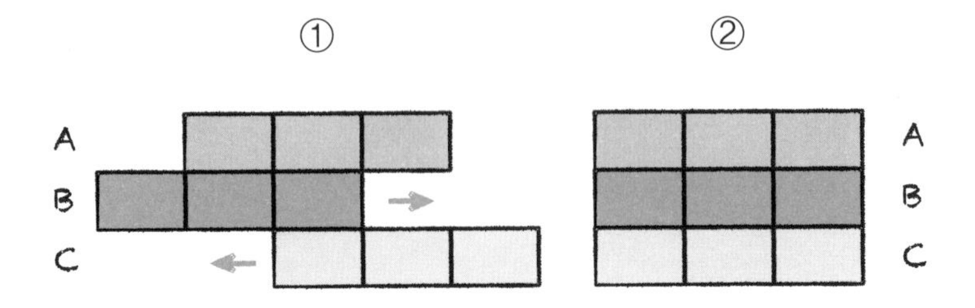

B줄의 맨 오른쪽 칸은 A줄의 오른쪽 한 칸과 만나는 동안 C줄의 가운데와 오른쪽, 총 두 칸을 만나게 된다.

력으로 왼쪽으로 움직인다. 그러면 어느 순간에 세 집단은 ②의 상태가 된다. ①에서 ②로 움직이는 동안 B줄 맨 앞에 있는 사람은 A줄의 한 사람과 마주치지만, C줄에서는 두 사람과 마주치게 된다. 그러므로 B줄이 C줄을 지날 때 소요되는 시간은 A줄을 지날 때의 두 배가 되어야 한다. 그러나 B줄과 C줄이 동일한 시간에 ②와 같이 정렬하므로 걸린 시간과 그 시간의 절반은 같아야 한다. 즉 $t=\frac{1}{2}t$가 되어 2=1이 성립한다.

꼼꼼하게 읽어보면 제논은 거리와 시간을 혼동했거나 의도적으로 구분하지 않았다는 생각이 든다. 제논은 이 역설에서 이동한 거리가 곧 시간이라고 생각해 하나가 다른 것의 두 배라는 주장을 펼치고 있다.

다른 각도에서 살펴보자. B줄을 기준으로 움직임을 관찰해보면 B가 느끼는 A와 C의 상대 속도는 다르다. 시속 100km로 달리는 두 대의 자동차가 같은 방향으로 나란히 달리면서 상대방을 바라보면 마치 정지한 듯이 느껴지지만, 반대 방향으로 달리는 경우에는 시속 200km로 훨씬 빠르게 느껴진다. 마찬가지로 B줄 맨 앞에 위치한 관찰자에게 C의 상대 속도는 A의 두 배로 느껴질 것이다. 이동 거리는 속력×시간인데, 실제로는 B, C가 서로 같은 속력으로 움직였고 이동 거리도 같으므로 이 둘이 움직이는 데 걸린 시간도 같아야 한다.

물론 이 설명으로 역설이 깔끔하게 이해되지는 않았을 것이다. 수학의 힘을 빌려 제논의 역설에서 잘못된 부분을 설명하더라도 마음 한구석에 남아 있는 찜찜함이 완전히 해소되지는 않는다. 이런 식으로 오랫동안 논쟁을 불러일으켰던 제논의 역설은 19세기 말 수렴과 발산의 정의가 명확히 내려지고, 칸토어가 집합론을 정립한 덕분에 무한을 논리적으로 설명하는 것이 가능해지면서 해결되었다.

많은 사람이 역설 속에 숨겨진 의미를 진지하게 생각하기보다 말 같지도 않은 궤변이라고 무시해버리곤 한다. 그렇지만 수학자들은 역설의 부정적인 면보다는 긍정적인 면에 초점을 맞춰 인식이나 논리의 허점을 날카롭게 지적하는 주장으로 받아들였다. 제기된 역설을 해결하기 위해 새로운 개념을 도입하고, 기존의 체계를 확장하고 수정하며 수학의 기초를 튼튼히 다졌다. 역설 덕분에 수학의 연구 분야는 비약적으로 확대되고 폭발적인 성장을 이룩하면서 문명의 발전까지 앞당길 수 있었다.

플러스⁺ 21

— 덕현이와 경현이는 밀림을 탐험하던 중 경현이가 식인종에게 포로로 잡혔다.

식인종은 덕현이에게 다음과 같은 문제를 냈다.

“내가 너의 동료를 잡아먹을지, 안 잡아먹을지를 알아맞힌다면 네 동료를 무사히 돌려주지.”

덕현이는 어떤 대답을 해야 할까?

➜ 풀이 247쪽

구글 입사에 도전해보자

수학적 추론

세계 인터넷 검색 엔진 시장의 80%를 장악한 글로벌 기업, 브랜드 자산 가치 세계 1, 2위를 다투는 기업, 미국에서 가장 일하기 좋은 직장, 회사 이름이 10의 100제곱을 뜻하는 수학 용어 구골googol에서 유래한 기업. '구글' 하면 떠오르는 이미지들이다.

몇 년 전 구글 입사 면접시험 문제 일부가 인터넷에 공개된 적이 있다. 질문을 받는 순간 미국의 아이비리그나 세계 유명 대학 출신의 수재들조차 순간 멍해지고, 문제를 해결하려면 머리를 쥐어짜야만 했기에 지원자에게 악명이 높았다고 한다.

구글의 입사 문제는 브레인 티저brain-teaser 유형이다. 브레인 티저는 틀에 얽매이지 않는 발상의 전환으로 해결해야 하는 퍼즐이나 문제라는 뜻이다. 우리에게는 아직 낯선 유형이지만 미국 기업의 입사 면접에서는 자주 등장한다. 출제자는 정확한 답보다 문제에 대처하는 능력, 창의력, 논리력, 적응력을 주로 평가한다고 한다. 브레인 티저 중 흥미로운 몇 문제를 함께 살펴보자. 제시된 설명을 읽기 전에 꼭 자신의 힘으로 풀이를 고민하는 시간을 가져보길 바란다.

아들과 딸

집집마다 반드시 아들이 있어야 한다고 생각하는 어느 나라에서는 아들을 낳을 때까지 아이를 낳는다. 딸을 낳으면 또 아이를 낳아야 하지만, 아들을 낳으면 더는 아이를 낳지 않는다. 이 나라에서 남자와 여자의 인구 비율은 어떻게 될까? 단, 아들과 딸을 낳을 확률은 각각 $\frac{1}{2}$로 같다.

문제가 어렵다면 구체적인 예를 활용해 해결의 실마리를 찾아보자. 부부 16쌍이 모두 아이를 낳는다고 가정한다. 아들과 딸을 낳을 확률이 같으므로 모든 부부는 아들 8명과 딸 8명을 낳는다. 따라서 남녀의 비율은 1 : 1이다. 딸을 낳은 부부 8쌍은 다시 아이를 낳아야 하므로 아들 4명과 딸 4명이 태어난다. 이제 아들과 딸이 12명씩이므로 남녀 비율은 그대로 1 : 1이다. 또 딸을 낳은 부부 4쌍에게서는 아들 2명과 딸 2명이 태어나므로 아들과 딸은 각각 14명씩이다. 남녀 비율은 여전히 1 : 1이 된다. 따라서 아들과 딸의 비율은 지속적으로 1 : 1을 유지할 것이다. 참고로 몇 년 전 우리나라 어느 대학교 수리논술 문제에 이와 비슷한 유형이 출제된 적이 있다.

해적의 분배법

해적 5명이 있다. 5명은 각각 1급에서 5급까지 서열이 정해져 있다. 1급 해적은 100개의 금화를 분배하는 방법을 제안할 권리가 있다. 1급 해적을 포함한 나머지 해적들은 이 방법에 대해 투표할 권리를 가진다. 1급 해적의 분배 방안에 대해 반대 비율이 과반수를 넘으면 1급 해적은 살해당한다. 1급 해적이 살해당하면 2급 해적이 1급 해적의 역할을 넘겨받는다. 1급 해적이 자신의 몫을 최대로 하면서 살아남으려면 금화를 어떻게 분배해야 할까?

(힌트: 어느 한 명의 해적은 98개의 금화를 갖게 된다.)

먼저 1, 2, 3급 해적들이 모두 죽고 4, 5급 해적들만 남는 단순한 상황을 가정해보자. 이 경우 4급 해적은 당연히 100 : 0으로 나누는 것을 제안할 것이다. 왜냐하면 5급 해적이 반대를 해봤자 과반수를 넘지 못하므로 자신이 금화를 전부 갖는 데 아무런 걸림돌도 없기 때문이다.

다음으로 1, 2급 해적이 죽고 3, 4, 5급 해적이 남은 경우를 가정해보자. 그럼 3급 해적은 99 : 0 : 1의 비율로 금화를 나누자고 제안할 것이다. 5급 해적은 3급 해적이 죽는다면 앞서 설명했듯이 한 개의 금화도 가지지 못하므로 이 제안에 찬성할 것이다.

다음으로 1급 해적이 죽고 2, 3, 4, 5급 해적이 남은 경우를 가정해보자. 이 경우 2급 해적은 98 : 0 : 1 : 1의 비율로 금화를 나누자고 제안할 것이다. 왜 그런지 모르겠다면 위 설명을 다시 읽어보자.

이제 1급 해적은 금화를 어떻게 분배해야 하는지 생각해보자. 결론부터 말하면, 1급 해적이 금화를 98 : 0 : 1 : 0 : 1의 비율로 분배하자고 제안하면 된다. 3급 해적은 1급 해적이 죽는다면 어차피 자신은 단 한 개의 금화도 갖지 못하므로 이 제안에 찬성할 것이다. 5급 해적은 어떤 상황이 되더라도 자신의 최대 몫은 1개이므로 선택의 여지가 없다. 5명 중 3명의 찬성으로 1급 해적의 금화 분배 방법이 통과된다.

벌레의 등반

12m 높이의 벽 아래에 벌레가 있다. 벌레는 매일 낮에는 3m 기어오르지만, 밤이 되면 2m씩 미끄러진다. 벌레가 벽의 꼭대기에 도달하려면 며칠이나 걸릴까?

단순하게 생각하면 낮에는 3m 기어오르고 밤에는 2m 미끄러지므로 결국 벌레는 하루에 1m씩 기어올라 12일이 걸린다. 정말 그럴까? 차근차근 다시 생각해보자. 벌레는 9일 동안 9m 높이까지 도달한다. 그리고 10일째 되는 날 9m에서 3m를 기어올라 12m 높이의 벽의 꼭대기에 도달한다. 따라서 10일 낮이면 꼭대기에 도달할 수 있다.

시침과 분침의 만남

시계의 시침과 분침은 하루에 몇 번이나 겹칠까?

이 문제도 벌레의 등반 문제와 같은 맥락으로 해결할 수 있다. 시침과 분침은 매시간 겹치지만, 12시가 되면 정각에 시침과 분침이 겹치므로 예외적으로 11시에서 12시 사이에는 만나지 않는다. 하루에 분침은 24바퀴, 시침은 2바퀴 회전하므로 $(12-1)\times2=22$, 즉 22번 겹치게 된다.

무거운 공을 찾아라

공 8개가 있다. 이 중 7개는 무게가 같고 한 개만 약간 더 무겁다. 양팔 저울을 이용해 딱 2번만 공 무게를 재서 어느 공이 더 무거운지 찾아낼 수 있을까?

먼저 8개의 공 가운데 아무것이나 6개를 골라 3개씩 양팔 저울에 올린다. 이때 양팔 저울이 균형을 이룬다면 무거운 공은 나머지 2개 중 하나이므로 이 둘을 양팔 저울에 올리면 어느 공이 무거운지 알 수 있다. 만약 공을 3개씩 올린 양팔 저울이 어느 한쪽으로 기운다면, 저울이 기운 쪽의 공 3개 중 2개를 골라 양팔 저울에 하나씩 올린다. 2개가 균형을 이룬다면 저울에 올리지 않은 하나가 무거운 공이고, 기울어진다면 기울어진 쪽이 무거운 공이다.

플러스+ 22

— 우리나라에 있는 미용실 개수를 논리적으로 추론해보자. 과연 미용실은 몇 군데나 있을까?

➔ 풀이 247쪽

사람에게는 얼마만큼의 땅이 필요한가

평면도형의 넓이

아래 글은 톨스토이의 단편 소설《사람에게는 얼마만큼의 땅이 필요한가》에서 땅을 소유하는 일에 집착했던 바흠에 관한 이야기다.

촌장이 땅을 사려는 바흠에게 말했다. "당신이 하루 동안 걸어서 당도한 곳을 경계선으로 삼아 그 안의 땅을 모두 주겠소. 단, 해가 질 때까지 이 자리로 돌아올 수 있어야 하오."

촌장의 이야기를 들은 바흠은 커다란 사각형 모양의 땅을 마음속에 그렸다. 바흠은 해가 뜨자마자 걷기 시작했다. 한참을 가 왼쪽으로 꺾어 떠나온 언덕 위의 사람들이 거의 보이지도 않을 때까지 갔다. 그는 다시 방향을 바꾸고 지친 발걸음을 재촉해가며 걸었다. 해가 지평선 가까이 떨어지고 있었지만 처음에 생각했던 사각형의 세 번째 변에서 2베르스타(1베르스타는 약 1.0668km)도 걷지 못했고 출발점까지는 15베르스타나 남아 있었다. 바흠은 자신이 지나친 욕심을 부렸음을 깨닫고 죽을 힘을 다해 뛰기 시작했다. 가까스로 출발점으로 돌아왔지만 "허어, 장하구려! 엄청나게 넓은 땅을 얻으셨소!"라는 촌장의 말을 들으며 숨을 거두고 만다.

땅 이야기를 하나 더 읽어보자. 이번에는 지중해의 패권을 놓고 그리스·로마와 경쟁했던 북아프리카의 도시국가, 카르타고를 건국한 디도 여왕의 이야기다.

페니키아에 있는 항구도시 티루스의 공주였던 디도는 아버지가 세상을 떠난 이후 오빠들과의 왕위 경쟁에서 패하자 지중해 연안으로 도망쳤다. 디도는 자신이 머무는 지역이 마음에 들었다. 이내 그곳의 통치자에게 돈을 지불하고 황소 한 마리의 가죽으로 둘러쌀 수 있는 만큼의 땅을 구입하기로 했다. 디도는 황소 가죽을 얇고 긴 끈 모양으로 자른 다음 이어 붙여 매우 긴 끈을 만들었다. 이 끈을 이용해 큰 원 모양으로 땅을 둘러싼 다음 자신의 영토로 삼았다. 디도는 이렇게 사들인 영토를 발판으로 기원전 9세기경 카르타고를 건설했다.

바흠과 디도는 제한된 조건을 만족시키면서 최대의 땅을 얻고자 했다. 그러나 두 사람이 생각한 땅의 모양은 서로 달랐다. 한 사람은 땅의 모양이 사각형이 될 때 넓이가 최대가 된다고 생각했지만, 다른 한 사람은 원의 형태가 되어야 한다고 생각했다. 두 사람 중 어느 쪽의 넓이가 더 큰지 확인해보자.

둘레의 길이가 일정한 다각형이 최대의 넓이를 가지려면 각 변의 길이가 서로 같은 정다각형이어야 한다. 즉 삼각형 중에서는 정삼각형이, 사각형이라면 정사각형의 넓이가 가장 크다. 이 정리에 따라 둘레의 길이가 모두 12로 일정한 정다각형 몇 개의 넓이를 아래와 같이 표로 나타냈다.

	정삼각형	정사각형	정육각형	정팔각형	정십이각형	원
한 변의 길이	4	3	2	1.5	1	반지름이 $\frac{6}{\pi}$
넓이	약 6.9	9	약 10.4	약 10.9	약 11.2	약 11.5

표를 자세히 보면 둘레의 길이가 일정한 정다각형에서 변의 개수가 늘어날수록 한 변의 길이는 점점 짧아진다. 따라서 모양은 원에 가까워지고 넓이는 계속 커진다. 실제로 원을 한 변의 길이가 0에 수렴하는 정다각형으로 생각하면, 평면도형 중에서 둘레의 길이가 일정할 때 넓이가 가장 큰 도형은 원이다. 둘레의 길이가 일정한 평면도형 중에서 넓이가 가장 큰 도형을 찾는 문제를 등주(等周) 또는 디도의 문제라고 한다. 이 문제의 답이 원이라는 것은 고대 그리스 시대부터 알려져 있었지만, 이 답의 수학적 증명은 19세기에 와서야 스위스의 슈타이너에 의해 이루어졌다. 이 정리로 그릇이 원 모양인 이유를 수학적 관점에서 설명할 수 있다. 그릇이 원

모양이면 만드는 재료는 가장 적게 사용하면서 담기는 음식물의 양을 최대로 할 수 있기 때문이다.

벌집이 정육각형인 이유

요즘은 도심에서도 벌집이 자주 발견되어 이를 제거하려고 119가 출동하는 횟수가 해마다 증가하고 있다. 이 벌집에도 수학이 숨어 있다. 벌집을 지을 때 재료는 적게 사용하면서도 가능한 한 많은 양의 꿀을 보관하려면 앞에서 설명했듯이 단면은 원 형태여야 한다. 그러나 실제 벌집의 단면은 정육각형이다. 왜 그럴까?

원 모양으로 집을 만들면 원과 원 사이에 틈이 생긴다. 이 틈은 쓸모가 없을뿐더러 안정성에도 도움을 주지 못하고 재료를 낭비하는 요인이 된다. 따라서 집과 집 사이에는 빈틈이 없어야 한다.

재료를 최소한으로 사용하면서도 겹치는 부분이나 빈틈이 생기지 않도록 평면을 채우려면 집의 단면은 정다각형이어야 하고, 이 정다각형의 한 내각은 360도의 약수여야 한다. 도형의 내각이 360도의 약수가 아닌 경우 반드시 겹치는 부분이나 빈틈이 생기게 된다.(161쪽 그림 참고) 이 조건을 만족하는 정다각형은 정삼각형, 정사각형, 정육각형의 3종류뿐이다. 정삼각형의 한 내각은 60도이므로 6개, 정사각형의 한 내각은 90도이므로 4개, 정육각형은 120도이므로 3개가 모이면 360도가 되어 평면을 빈틈없이 채울 수 있다.

만약 벌집이 정삼각형이라면 벌이 출입하기 불편하고 단면의 넓이가

도형으로 평면 채우기

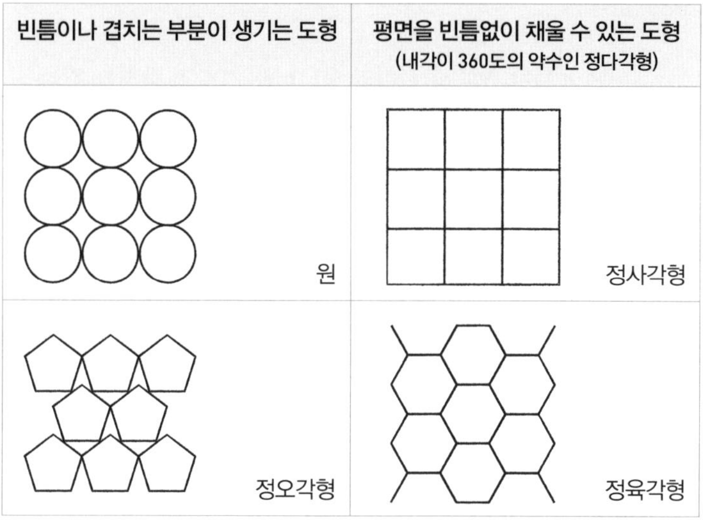

빈틈이나 겹치는 부분이 생기는 도형	평면을 빈틈없이 채울 수 있는 도형 (내각이 360도의 약수인 정다각형)
원	정사각형
정오각형	정육각형

작아 집을 짓는 데 더 많은 재료가 들어간다. 정사각형 형태는 외부의 작은 압력에도 쉽게 변형된다는 구조적 단점이 있다. 반면에 정육각형 모양으로 벌집을 만들면 적은 재료로 넓은 집을 지을 수 있고 구조도 견고해진다. 벌의 몸은 기본적으로 원기둥 형태이므로 드나들기도 편하다. 이러한 장점 덕분에 자연은 물론 인간도 정육각형 구조를 곳곳에서 적극적으로 활용했다. 벌집 외에도 곤충의 눈, 잠자리의 날개, 문짝이나 비행기 날개의 내부 구조에서도 정육각형을 서로 이어 붙여 평면을 메운 예를 쉽게 찾아볼 수 있다.

플러스+ 23

— 어떤 농부가 300m 길이의 울타리를 가지고 강가를 따라 사각형 모양으로 경계를 세우려고 한다.

울타리를 친 땅의 넓이가 최대가 되게 하려면 어떤 모양으로 울타리를 쳐야 할까? 또, 이때 각 변의 길이는 얼마일까? 단, 강가에는 울타리를 칠 필요가 없다.

→ 풀이 248쪽

직감, 신뢰해도 좋을까?

아리스토텔레스의 바퀴

아래 글을 읽고 빠르게 정답을 생각해보자.

찬수는 크리스마스 선물로 장난감 기차를 받았다. 기차는 여섯 개의 전봇대가 일정한 간격으로 설치된 원형 노선 위를 달린다. 첫 번째 전봇대에서 세 번째 전봇대까지 가는 데는 10초가 걸린다. 기차가 노선 전체를 한 바퀴 도는 데 걸리는 시간은 얼마일까?

우리는 뭔가를 결정할 때 논리적 판단보다는 직감을 더 자주 사용한다. 직감은 사물이나 어떤 상황에 맞닥뜨렸을 때 실체나 진상을 그 자리에서 순간적 느낌으로 파악해내는 감각을 뜻한다. 단어의 정의에서 드러나듯이 직감에서는 이성보다 감각 혹은 본능이 중요하다. 따라서 잘못된 답을 내놓거나 엉뚱한 방향으로 결론이 유도되는 경우가 종종 생긴다. 기존의 틀에서 벗어나지 못하고 습관적으로 판단할 때도 많은데 이 문제가 여기에 해당한다. 기차가 첫 번째 전봇대에서 세 번째 전봇대까지 가는 데 10초가 걸리고, 노선 주변에는 6개의 전봇대가 있으므로 10초에 2를 곱해 20초가 걸린다고 직감적으로 답한 사람이 많을 것이다. 물론 틀린 답이다.

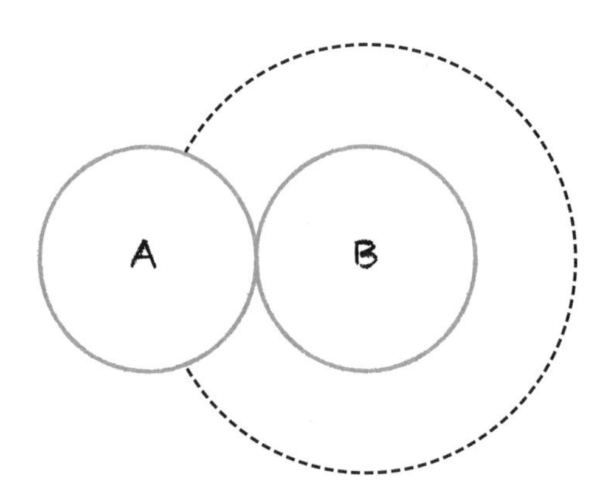

> 위 그림에서 원 A와 B는 모두 반지름의 길이가 1로 크기가 같은 원판이다. 원판 B를 고정한 후 원판 A가 미끄러지지 않으면서 원판 B의 둘레를 한 바퀴 돌아 처음의 자리로 되돌아오는 동안, 원판 A는 몇 번 회전할까?

원판 A, B의 크기가 같으므로 원판 B의 둘레를 한 바퀴 돌아 출발점으로 되돌아오려면 원판 A 역시 한 바퀴를 회전해야 할까?

직감 때문에 발생하는 오류를 바로잡는 효과적인 방법은 그림을 그려보는 것이다. 앞에서의 장난감 기차 문제도 그림으로 나타내면 어디가 잘못되었는지 쉽게 파악할 수 있다. 연필을 들고 기차 노선을 직접 그려보자. 첫 번째 전봇대에서 세 번째 전봇대까지 걸리는 10초는 궤도의 절반이 아닌 3분의 1을 지나는 데 걸린 시간이다. 따라서 한 바퀴를 돌려면 출발한 첫 번째 전봇대까지 다시 와야 하므로 30초가 걸린다. 그러나 이 원판 문제는 그림이 제시되었는데도 여전히 한 바퀴라고 답하는 사람들이 많다.

아래 그림처럼 동전 A는 ①의 위치에서 동전 B의 둘레를 돌아 ②의 위치로 놓일 때까지 한 바퀴를 회전한다. 동전 B의 입장으로 보면 반 바퀴지만, 동전 A의 입장에서는 한 바퀴를 돌아야 한다. 동전 두 개를 놓고 직접 확인해보자.

아리스토텔레스의 바퀴

다음은 '아리스토텔레스의 바퀴'라고 불리는 문제다.

아래는 반지름의 길이가 각각 1과 2인 두 동심원 A와 A'을 한 바퀴 회전한 그림이다. 실선으로 표시한 선분 AB의 길이는 큰 원, 점선으로 표시한 선분 $A'B'$의 길이는 작은 원이 움직인 거리다. 그림에서 보듯이 $\overline{A'B'}=\overline{AB}$이므로 큰 원의 둘레와 작은 원의 둘레의 길이는 같다. 원둘레는 지름에 π를 곱해 구하므로 두 원의 원둘레 길이는 2π와 4π인데, $\overline{A'B'}=\overline{AB}$이므로 $2\pi=4\pi$가 되어 $1=2$가 성립한다. 이게 어떻게 된 일일까?

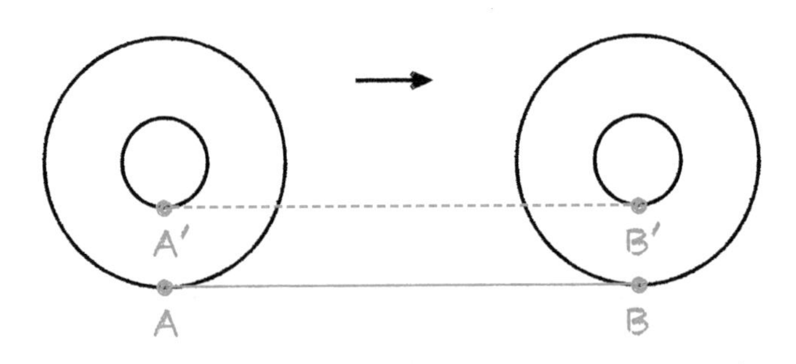

11 물체에 마찰이 없을 때 한 지점에서 다른 지점으로 가장 빠르게 미끄러져 내려가는 곡선을 의미하며 최단 강하 곡선이라고도 한다. 이 원리에 따라 기와를 사이클로이드 형태로 만들면 빗물이 지붕에 머무는 시간을 최소화할 수 있다. 독수리나 매가 먹이를 사냥할 때 비행하는 곡선도 사이클로이드 모양이며 고속도로 인터체인지(IC)의 곡선을 설계할 때도 응용된다.

어처구니없는 일이지만 막상 수학적으로 설명하려면 꽤나 까다롭고 어려운 문제다. 아래 그림은 사이클로이드라 불리는 곡선이다.[11] 사이클로이드는 직선 위에서 원을 미끄러지지 않게 굴렸을 때 원 위의 한 점이 그리는 곡선의 이름이다.

이 곡선을 자세히 살펴보면 점선은 원 위의 한 점이 움직인 거리를, 굵은 실선은 원의 중심이 움직인 거리를 나타내며 이 둘의 길이는 다르다. 원둘레는 원이 1회전했을 때 움직인 거리와 일치하는데, 그림에서 보다시피 이 거리는 원 위의 점이 아니라 원의 중심이 이동한 거리다. 즉, '원이 움직인 거리=원의 중심이 이동한 거리=원둘레의 길이'라는 식이 성립한다.

사이클로이드

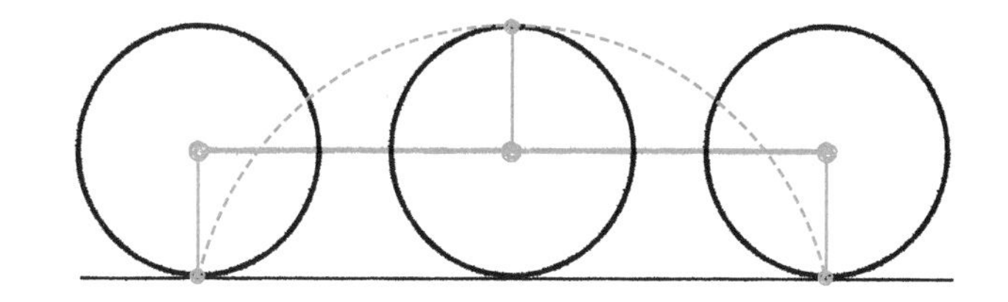

사이클로이드로 설명한 아리스토텔레스의 바퀴

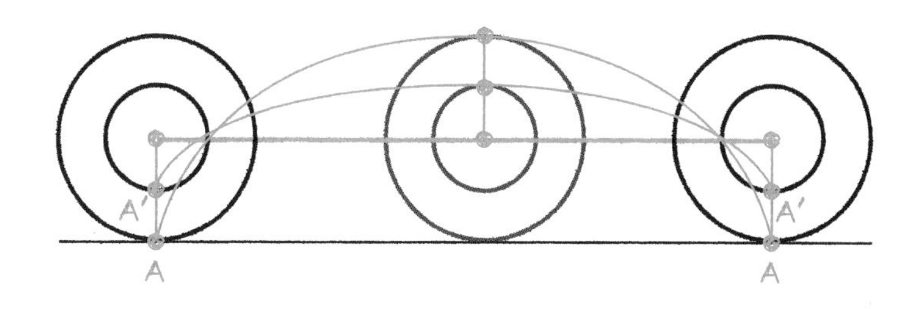

이 사이클로이드를 활용해 아리스토텔레스의 바퀴 문제를 설명한 것이 167쪽 아래 그림이다. 그림에는 두 동심원 위의 점 A와 A′이 한 바퀴 회전할 때 그려지는 곡선이 나타나 있다. 점 A는 바깥 동심원의 맨 아래쪽에서 가장 높이 올라갔다가 다시 제일 낮은 곳으로 내려온다. 반면에 점 A′은 동심원의 중심이 이동할 때 만들어지는 직선과 점 A에 의해 만들어지는 곡선 사이를 움직인다. 즉 동심원의 반지름이 짧아질수록 A′이 그리는 곡선은 동심원의 중심의 이동을 나타내는 직선에 가까워진다. 따라서 원이 움직인 거리는 동심원의 중심이 이동한 자취(직선)의 길이가 되는데 이 값은 큰 원의 둘레인 4π와 같다. 간단히 말하면 이 문제는 원의 이동 거리를 원의 중심이 아닌 원 위의 점이 움직인 거리라고 생각했기 때문에 발생한 오류다.

이제 164쪽에서 봤던 원판 문제를 해결해보자. 문제에서 원판 A가 원판 B의 둘레를 회전하면서 움직인 거리는 원판 A의 중심이 원판 B의 둘레를 따라 이동한 거리와 같다. 원판 A의 중심이 움직인 자취는 반지름이 2인 원이 되므로 움직여야 할 거리는 원둘레의 길이인 4π가 된다. 원판 A의 둘레는 2π이므로 원판 A가 원판 B의 둘레를 돌아 처음 상태로 돌아가기 위해서는 두 번 회전해야 한다.

플러스+ 24

—

1. 두 원판의 반지름이 각각 1과 2, 1과 3, 2와 3일 때, 큰 원판을 고정한 후 작은 원판이 미끄러지지 않으면서 큰 원판의 둘레를 돌아 원래 자리로 되돌아오려면 작은 원판은 각각 몇 바퀴 회전해야 할까?

—

2. 다음은 변의 길이가 1과 2인 두 정사각형을 한 바퀴 회전한 그림이다. 두 정사각형이 움직인 거리는 각각 8과 4로 아리스토텔레스의 바퀴와 같은 문제가 발생하지 않는다. 그 이유는 무엇일까?

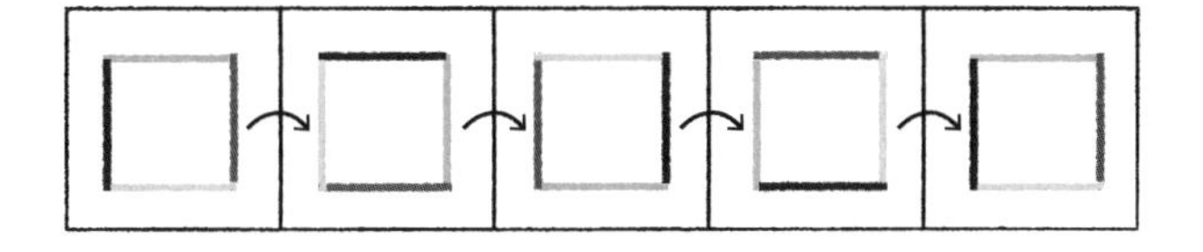

➔ 풀이 248쪽

보고서를 해석하는 올바른 자세

수학적 사고 연습

사고의 힘은 위대하다. 방향을 어떻게 설정하는지에 따라 다양한 사고 과정을 거쳐 완전히 다른 결론에 이를 수 있기 때문이다. 심심풀이로 아래 표의 빈칸을 채워보자.

	질문	답
1	'±'는 어떻게 읽는가?	
2	'정의'에 해당하는 영어 단어는?	
3	'이육사'란?	
4	'5!'를 어떻게 읽는가?	
5	'probability'의 뜻은?	
6	'function'의 뜻은?	
7	'LiFe'의 뜻은?	

8	'frequency'의 뜻은?	
9	'염소'는 무엇인가?	
10	눈이 녹으면 (　　　　　)	

위 질문지는 인터넷에 떠돌았던 유머의 일종으로, 인문계열 학생과 자연계열 학생의 사고방식 차이를 보여준다는 항목들이다. 혈액형이나 MBTI 검사처럼 인문계열과 자연계열도 고유의 특성이 있다는 것을 재미 삼아 이야기할 때 언급되기도 한다. 일반적으로 나오는 대답은 다음과 같다고 한다.

질문	인문계	자연계
1	흙 토	플마
2	justice	definition
3	시인	264
4	오!	5의 계승 또는 5 팩토리얼
5	가능성	확률
6	기능	함수
7	삶	철화리튬
8	빈번한	주파수
9	동물	Cl
10	봄이 온다	물이 된다

웃으며 넘기기에는 어느 정도 그럴듯하다는 생각이 들기도 한다. 사람들은 자신에게 익숙하고 편안한 눈으로 세상을 대한다. 평소에 사고의 방향을 어느 쪽으로 두느냐에 따라 현상의 판단과 결과는 매우 달라진다. 한 방향으로만 생각하는 습관을 들이면 고정 관념에 사로잡혀 시야는 좁아지고, 사고는 편협해지며 놓치는 부분이 많아진다. 수학 공부도 마찬가지다. "나는 어차피 인문계열로 진학할 거고, 수학은 평생 안 할 건데 왜 수학을 공부해야 해?"라는 학생이 많아지고 있다. 시험 때문에 어쩔 수 없이 배우는 과목이라는 선입견이 학생들의 머리를 채우고 있는 것이다. 하지만 정말 수학은 쓸모가 없는 과목일까? 아래 사례를 읽어보자.

전투기의 내구성을 높여라

제2차 세계대전 중 미국은 전투기의 귀환율을 높일 방안을 찾기 위해 전투에서 돌아온 비행기를 조사한 뒤 보고서를 작성했다. 보고서에는 다양한 내용이 있었고, 전문가들은 각 항목을 하나하나 검토했다. 아래 표는

총격으로 인한 전투기 손상 현황

비행기의 부위	제곱 피트당 총알구멍 개수[12]
엔진	1.11
동체	1.73
연료계	1.55
기체의 나머지 부분	1.8

보고서 내용 중 비행기 부위에 따른 총알구멍 개수를 조사한 자료다.

이 자료를 보고 전투기 전문가들은 총알구멍이 가장 많은 동체 부분을 보강해야 한다고 판단했다. 이들의 판단은 정확했을까?

같은 자료를 본 헝가리 출신의 수학자이자 컬럼비아 대학의 통계학 교수인 아브라함 발드는 오히려 총알구멍이 가장 적은 곳인 엔진을 보강해야 한다고 주장했다. 그는 엔진이 총알을 맞으면 그 자리에서 격추되거나 귀환 도중 추락하기 때문에 돌아온 전투기의 엔진 부분에 총알구멍이 적은 것이라고 설명했다. 즉 무사히 돌아온 전투기 부위 중 가장 손상이 적은 부위가 엔진이라는 것은, 반대로 생각하면 엔진에 손상이 생겼을 때 귀환하기 가장 어렵다는 뜻이다. 전투기에 관한 지식이 전혀 없다시피 한 발드가 전투기 전문가들보다 탁월한 의견을 낼 수 있었던 이유는 순전히 수학적 사고력 덕분이다.

전투기 전문가들은 무의식중에 생존 가능성과 총알을 맞는 위치는 상관없다는 가정을 하고, 단순히 가장 많이 피격되는 동체 부분을 보강해야 한다는 잘못된 결론을 이끌어냈다. 반면 발드는 결론을 내리기 앞서 판단의 근거가 되는 가정의 타당성을 의심하고 검토한 뒤 엔진 부분을 보강해야 한다는 합리적 결론을 유도해냈다. 이것이 바로 수학적 사고의 과정이다.

수학에서는 틀린 가정에서 유도되는 명제들을 공허한 진실vacuous truth이라고 부른다. 가정은 결론을 유도하는 데 필요한 근거를 마련해주

12 $1ft^2 = 30.48 \times 30.48(cm^2)$

는 기본 토대가 된다. 따라서 수학자들은 늘 공허한 진실을 경계하며 전제 조건(가정)이 타당한지를 우선적으로 검토한 후 결론을 이끌어낸다. 그러나 전투가 전문가들은 가장 기본적인 사항조차도 지키지 않은 채 결론을 유도하는 어리석음을 저질렀다.

음악에서는 연주 능력을 향상시키기 위해 에튀드étude라고 불리는 연습곡을 반복 학습한다. 이와 마찬가지로 사고력을 기르려면 평소에 가장 기본적인 전제부터 충실히 검증하는 습관을 들여야 한다. 일상에서 마주치는 다양한 문제를 정확하게 이해하고 해결하는 힘은 평소 수학적으로 사고하는 태도를 연습하면서 길러진다. '어렵다.' '필요 없다.'라는 부정적인 자세를 버리고 수학을 바라본다면 삶을 더욱 현명하게 살아갈 수 있을 것이다.

플러스+ 25

— 아래는 독일의 심리학자 칼 던커가 고안한 사고력 문제 중 하나다. 글을 읽고 질문에 답해보자.

"당신은 의사이고, 위에 악성 종양이 있는 환자가 있다. 종양이 제거되지 않으면 이 환자는 사망한다. 그러나 이 환자를 물리적으로 수술하는 것은 불가능하다. 다행히 당신에게는 종양을 파괴할 수 있는 레이저가 있다. 레이저 출력 강도를 충분히 높여 종양에 쏘면 종양은 제거된다. 단, 종양에 도달하기까지 통과하는 다른 신체 부위도 마찬가지로 파괴된다. 반면 그보다 낮은 강도로 종양에 도달하면 다른 신체 조직에 피해를 주지 않지만 종양도 제거되지 않는다. 건강한 다른 신체 조직을 파괴하지 않으면서 종양을 제거하는 방법에는 어떤 것이 있을까?"

➔ 풀이 249쪽

시간은 곧 돈이다

복리의 개념

과학자이자 정치가로 미국 독립선언서의 기초를 마련한 벤저민 프랭클린은 독특한 격언과 일화가 많기로 유명하다. 프랭클린의 가장 널리 알려진 격언이 '시간은 돈이다.'라는 말이다. 이 격언이 나오게 된 일화는 다음과 같다.

프랭클린이 서점을 운영할 때의 일이다. 어느 날 서점에서 손님이 직원에게 책값을 물었다. 직원은 1달러라고 대답했다. 손님은 가격을 깎아달라고 했으나 직원이 안 된다고 하자 사장인 프랭클린을 찾았다. 그는 인쇄소에서 급한 일을 하다가 손님이 찾는다기에 부리나케 달려왔다.

손님은 프랭클린에게 직원이 책값을 깎아주지 않으니 사장이 좀 할인해달라고 말했다. 그러자 프랭클린은 대뜸 책값이 1달러 25센트라고 말했다. 손님이 깜짝 놀라면서 어째서 1달러에서 더 올랐냐고 물었다. 프랭클린은 시계를 힐끔 쳐다보고는 다시 말했다.

"지금은 책값이 더 비싸져서 1달러 50센트입니다. 시간은 곧 돈이니까요."

프랭클린은 시간의 귀중함을 강조하려고 시간을 돈에 비유했지만, 실제로 금융 거래에서 시간과 돈은 같은 개념이다. 은행에서 돈을 빌리거나 예금을 하면 이용 기간에 따라 이자가 발생하므로 말 그대로 '시간이 돈'인 셈이다. 이때 이자는 단리법이나 복리법을 사용해 계산한다. 이에 관해 자세히 알아보자.

단리법과 복리법

단리법과 복리법은 원금에 약정된 이자를 지급하는 방식을 말한다. 단리법에서는 원금이 변하지 않으므로 이자도 일정하게 고정된다. 반면에 복리법은 이자와 원금을 합산한 금액을 새로운 원금으로 본다. 따라서 원금이 늘어나면서 늘어난 원금을 기준으로 다시 이자를 계산하므로 이자 역시 점점 불어난다. 예를 들어 단리법으로 원금 100만 원을 연 10%의 이율로 2년간 빌려줬다면, 이자는 연간 10만 원씩이므로 2년 후에 120만 원을 받는다. 그러나 복리법에서는 첫해에 발생한 이자 10만 원이 최초의 원금 100만 원에 합산되어 두 번째 해에는 원금이 110만 원으로 늘어나면서 이자는 11만 원이 된다. 따라서 복리법으로 계산하면 2년 뒤에 받을 돈은 121만 원이 된다. 이 1만 원은 원금 100만 원의 이자인 10만 원에 다시 이자가 붙어 생긴 금액이다. 그래서 복리법을 '이자에 이자가 붙는 이자 계산법'이라고도 부른다. 원금과 이자를 합한 금액을 원리합계라고 부르는데 계산식은 다음과 같다.

단리법에 의한 원리합계=원금×(1+이율×이자를 계산해야 하는 횟수)

복리법에 의한 원리합계=원금×(1+이율)$^{\text{이자를 계산해야 하는 횟수}}$

식에서 보듯이 단리법은 **일정한 값을 더해가면서 증가하는 등차수열**, 복리법은 **일정한 값을 곱해가면서 증가하는 등비수열**이다. 이자 계산 기간이 짧으면 단리법과 복리법은 별 차이가 없어 보이지만, 이자를 계산해야 하는 기간이 늘어날수록 등비수열, 즉 지수함수 형태인 복리법은 핵폭탄과 같은 위력을 발휘한다. 아래 글을 읽어보자.

뉴욕 맨해튼은 세계 금융의 중심지로 땅값이 세계에서 가장 비싼 곳이다. 그러나 1626년, 영국에서 이주한 청교도들이 아메리카 원주민들에게 구입한 맨해튼 섬의 가격은 단돈 24달러였다. 누구나 원주민들이 사기를 당했다고 생각할 것이다. 과연 원주민들은 어리석은 판단을 한 것일까?

13년간 펀드 운용으로 누적 수익률 2,700%를 달성한 전설적인 투자자 피터 린치는 이렇게 말했다. "당시 원주민들이 받은 24달러를

연 8%의 채권에 복리로 투자했다면 363년이 흐른 1989년에는 그 가치가 30조 달러로 훌쩍 뛴다. 반면 같은 1989년 맨해튼의 전체 땅값은 600억 달러에도 미치지 못했다."

복리법과 자연상수 e

복리법에는 이자 계산 말고도 중요한 수학이 숨어 있다. 원금을 10,000원, 이율은 1년마다 12%, 6개월마다 6%, 4개월마다 4%로 가정하자. 이자를 계산하는 횟수가 늘어나면서 원리합계도 11,200원에서 11,249원으로 증가한다. 이처럼 이자 계산 횟수를 N번으로 늘리면 이율은 $\frac{1}{N}$로 감소하지만 원리합계는 점점 더 커진다.

이자 계산 횟수를 늘리는 만큼 원리합계도 계속해서 증가할까? 실제로 계산을 해보면 이자 계산 횟수가 아무리 많이 늘어나더라도 $(1+\text{이율})^{1/\text{이율}}$은 특정한 값 이상으로 증가할 수 없다는 수학 원리의 지배를 받는다. 이에 따라 원리합계는 항상 어느 일정한 값에 수렴한다. 이것을 수식으로 표현하면

$\lim_{N \to \infty}(1+\frac{1}{N})^N = \lim_{N \to 0}(1+N)^{\frac{1}{N}} = e$가 되며,

e는 e=2.71828182845…의 값을 갖는 무리수이다.

이 무리수를 '자연로그의 밑'이라 하며 흔히 자연상수 e라고 부른다. 수학 시간에 원주율을 뜻하는 π 다음으로 접하게 되는 상수이며 π만큼이

나 널리 쓰인다. 구체적으로는 확률, 방사선의 반감기, 빛의 감소율, 확산 비율 등을 설명할 때 필요하다. 자연상수 e는 복리법이 단순한 이자 계산을 넘어서 자연 현상을 풀어낼 때도 필요하다는 사실을 보여준다. 이는 세상의 문을 여는 열쇠가 수학임을 확인하는 사례다.

플러스+ 26

— 아인슈타인은 "복리야말로 가장 위대한 발명으로 세계 9대 불가사의 중의 하나다."라며 복리법에 따라 원금이 두 배로 늘어나는 데 걸리는 기간을 계산하는 '72법칙'을 제시했다.

원금이 두 배가 되기까지 걸리는 기간(년) = 72/연이율(%)

이 식에 따르면 연이율이 3%면 24년, 수익률이 6%면 12년, 연이율이 12%면 6년 만에 원금이 두 배가 된다. 복리법에 따른 원리합계 공식(178쪽 참고)을 이용해 72법칙의 타당성을 검토하려면 어떻게 해야 할까?(계산기를 활용하면 생각보다 간단한 작업이다.)

➔ 풀이 249쪽

기하급수적으로 증가한다는 게 무슨 뜻일까?

산술급수와 기하급수

가상화폐 담보 대출 시장 기하급수적으로 늘어나…

기하급수적으로 느는 폐기물

전세계적으로 코로나19 확진자 기하급수적으로 늘어나…

어떤 사회적 또는 자연적 현상이 미처 감당하기 어려울 정도로 빠르게 늘어날 때 흔히 기하급수적으로 증가한다고 표현한다. 여기서 기하급수는 정확히 어떤 의미일까?

'샤트랑'은 페르시아에서 이슬람 계율에 의해 도박이 전면 금지되자 고대 인도의 보드게임 차투랑가를 변형해 만든 게임이다. 이 게임이 7세기 무렵 유럽에 소개되면서 현재의 체스 형태로 발전했다고 한다. 샤트랑을 고안한 사람의 기록은 현재 남아 있지 않지만, 관련된 설화가 여러 가지 전해져 내려온다.

체스가 페르시아 왕실에 처음 소개되었을 때, 왕은 체스의 정교함과 다양한 전략에 흠뻑 빠져들었다. 그는 게임을 만든 사람에게 원하는 소원은 무엇이든지 다 들어주겠다고 말했다. 이 말을 듣고 게임을 고안한 이는 겸손이 지나쳐 멍청해 보일 정도의 요구를 해서 왕과 신하를 놀라게 했다. "폐하, 저는 체스 판의 첫째 칸에는 한 알의 밀을, 둘째 칸에는 두 알의 밀을, 셋째 칸에는 네 알의 밀을, 넷째 칸에는 여덟 알의 밀을, 다섯째 칸에는 열여섯 알의 밀을 채워가는 방법으로 64칸을 모두 채울 양의 밀알만을 받고 싶습니다." 왕은 이 요구를 듣고 "짐은 너에게 그보다 더한 것도 줄 수 있다. 후회하지 않겠느냐? 지금이라도 소원을 바꿔도 좋다."라고 말했다. 게임을 만든 사람이 이 소원으로 충분하다고 대답하자 왕은 신하를 시켜 요구대로 밀을 주라고 지시했다. 잠시 후 신하가 허겁지겁 달려오더니, "폐하! 큰일 났습니다. 저 자에게 페르시아에 있는 모든 밀을 다 줘도 약속을 지키기에는 턱없이 부족합니다."

왕이 지불해야 할 밀의 양을 직접 계산해보자. 계속 말하지만 눈으로 보고 읽기만 해서는 수학적 능력이 길러지지 않는다. 시간이 걸리더라도 귀찮아하지 말고 자신의 힘으로 문제를 풀어보자.(참고로 밀 한 알의 무게는 평균적으로 35~50mg이다. 밀 한 가마니의 무게가 40kg이므로 편의를 위해 밀 한 알의 무게를 40mg이라 하자. 그러면 밀 한 가마니에는 100만 개의 밀알이 들어간다.)

왕이 지불해야 할 밀알을 계산해보면 체스 판 첫째 칸에는 밀 1알이 들어가게 되고, 그다음 칸에는 차례대로 2알, 4알, 8알, 16알, 32알, 64알, 128알, 256알, 512알, 1024알, 2048알, 4096알, 8192알, 16384알이다. 굳이 계산기의 힘을 빌리지 않더라도 이와 같은 방법으로 21번째 칸에 들어갈 밀알을 계산해보면 2^{20}=1,048,576알밖에 되지 않으므로 왕이 줄 밀알은 기껏 한 가마니 정도밖에 안 된다. 그런데 신하는 왜 그렇게 소스라치게 놀랐을까? 계산을 계속해보자. 21번째 칸에 들어가야 할 밀의 양이 한 가마니이므로 41번째 칸에는 밀 1,048,576가마니가 들어가야 한다. 아직도 채워야 할 칸이 23개나 더 남았다. 그 양이 얼마나 될지 상상이 가는가? 당연히 왕의 신하는 새파랗게 질릴 수밖에 없었다.

기하급수적인 증가란 곧 지수함수적으로 증가한다는 의미다. 식으로 나타내면 $f(n)=a^n$의 꼴이 되는데, 위에서 예로 든 체스 판은 $a=2$인 경우다. 그렇지만 사람들은 무엇인가가 생각했던 것보다 급작스럽게 늘어날 때를 가리켜 '기하급수적으로 증가한다'라고 표현한다. 이 말은 18세기 영국의 경제학자 맬서스가 《인구론》에서 '인구는 기하급수적으로(1, 2, 4, 8, 16…) 증가하지만 식량은 산술급수적으로(1, 2, 3, 4, 5…) 늘어난다.'라는 표현을 사용한 뒤 일반화된 것으로 보인다. 맬서스는 현재 인구와 식량의 비가 1 : 1이라면, 인구는 대략 25년마다 두 배씩 증가하므로 2세기 뒤에는 인구와 식량 사이의 비율이 256 대 9, 3세기 뒤에는 4096 대 13이 될 것이라며 인구를 식량의 생산 증가 수준에 맞춰 억제해야 한다고 주장했다. 물론 이 말은 틀린 것으로 판명되었지만, 여전히 인구 증가를 억제

맬서스의 그래프

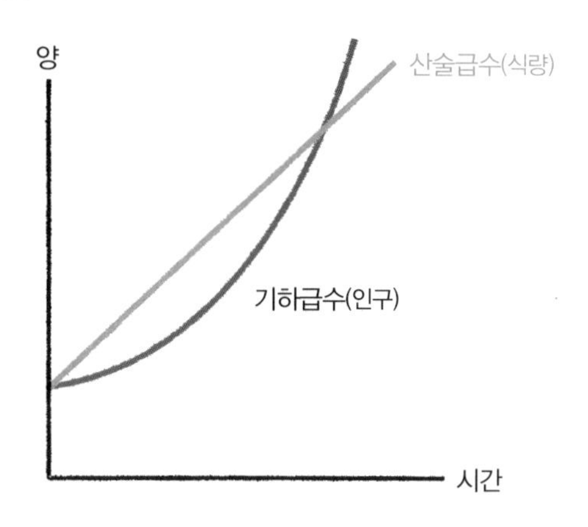

해야 한다는 논리를 정당화하는 근거로 인용되고 있다.

신문에 종종 보도되는 피라미드(다단계) 사기도 기하급수적 증가와 밀접한 관련이 있다. 우리나라에서는 제한적 다단계 판매를 법으로 허용하고 있지만 기본적으로 피라미드 판매는 그 자체가 불법이다. 피라미드 판매의 기본 원리는 다음과 같다.(이해를 돕기 위해 신규 회원을 1인당 3명씩만 유치하는 경우로 가정했다. 체스 판 이야기와 비교해가며 읽어보자.) 가입비를 내고 회원이 된 A는 수익을 올리기 위해 신규회원 B, C, D를 모집해 B, C, D의 가입비와 B, C, D의 매출액의 일정 부분을 배당받는다. B, C, D 역시 수익을 올리려면 각자 3명씩의 회원을 모집해야 한다. 이 과정이 반복되면 신규로 가입시켜야 하는 회원 수와 기존 회원 중 가입 순서가 빠른 사람들의 이익은 기하급수적으로 증가한다. 반면에 늦게 가입한 회원들은 신규 회원의 유치가 점점 어려워지면서 이득은커녕 피해만 커지게 된다.

플러스+27

—

1. 어느 날 너무해 씨가 순진한 씨에게 다음과 같은 제안을 했다. "내가 6월 1일부터 6월 30일까지 매일 1조 원씩을 줄게. 그럼 순진한 씨는 6월 1일에 나에게 1원을 주고, 그다음 날부터는 전날 나에게 준 돈의 3배를 주면 돼." 순진한 씨는 이 제안을 받아들여야 할까?

—

2. 복사용지의 두께를 0.1mm라 하자. 이 복사용지는 원하는 횟수만큼 접을 수 있다고 가정할 때, 몇 번을 접으면 에베레스트산보다 높아질까?
(단, 에베레스트산의 높이는 9,000m로 계산한다.)

➔ 풀이 249쪽

쉬어가기

수학적으로 글 읽기 연습

> 그는 바다 모형을 둥글게 만들었다. 한 가장자리에서 다른 가장자리에까지 직경이 십 척, 높이가 다섯 척, 둘레가 삼십 척 되었다.
>
> -《공동번역 성경 열왕기》

솔로몬 왕이 만들도록 지시한 초대형 물동이에 관한 묘사다. 보통 성경을 읽는 사람들이 그냥 지나치는 구절이다. 모양과 수치가 주어진 김에 조금만 관심을 기울여보도록 하자. 원의 둘레는 지름에 원주율(3.14)을 곱해서 구한다. 그렇지만 위 구절에서는 원둘레를 지름에 3을 곱해 계산했다. 솔로몬 왕이 생존한 시대는 대략 기원전 500~600년으로 추정되는데, 이스라엘 사람들은 원주율의 값을 3이라고 생각했다는 사실도 알 수 있다. 참고로 당시 세계 최고의 문명이라 일컬어지던 이집트에서는 보다 정확한 수치인 3.14를 원주율로 사용했다.

> 땅 위에 사십 일 동안이나 폭우가 쏟아져 배를 띄울 수 있을 만큼 물이 불어났다. 그리하여 배는 땅에서 높이 떠올랐다. 물이 불어나 땅

은 온통 물에 잠기고 배는 물 위를 떠다녔다. 물은 점점 불어나 하늘 높이 치솟은 산이 모두 잠겼다.

-《공동번역 성경 창세기》

위 성경 구절은 그 유명한 '노아의 방주' 이야기다. 마찬가지로 숫자가 주어졌으니 글을 차근차근 곱씹어보자. 40일 동안 비가 내려 세상의 모든 것이 다 잠겼다고 했다. 그렇다면 당연히 세계에서 가장 높은 에베레스트산(8,848m)의 정상까지 물에 잠겼다는 말이 된다.

이번엔 직접 계산기를 활용해 쉽게 시간당 강우량을 계산해보자. 암산하기 편하게 수치를 적당히 바꿔도 괜찮다. 참고로 서울에서는 2020년 7~8월에 걸쳐 40일 동안 비가 온 적이 있다. 이때의 강우량과 비교해 살펴보면 훨씬 생생하게 체감할 수 있을 것이다.

걸리버가 릴리퍼트(소인국)에 도착했을 때, 릴리퍼트 사람들은 그에게 매일 릴리퍼트인 기준으로 1,728명분에 해당하는 음식을 제공했다.

-《걸리버 여행기》

걸리버의 키는 기껏해야 릴리퍼트 사람들보다 12배 컸을 뿐인데, 어떻게 계산했길래 이렇게 많은 양의 음식을 걸리버에게 제공한 걸까? 《걸리버 여행기》의 저자는 걸리버의 키가 릴리퍼트 사람들보다 12배 더 크므로 몸 전체의 크기(부피)와 몸무게는 닮음비의 세제곱인 12^3배가 되어 음식도 1,728배가 필요하다고 생각한 듯하다. 이론적으로는 그럴듯한 말처럼 들리지만, 결론부터 말하자면 실제로는 그렇지 않다.

작은 벌새는 생존을 위해 날마다 자기 몸무게 3분의 2 이상의 음식을, 생쥐는 적어도 몸무게의 5분의 2에 해당하는 음식을 먹어야 한다. 그러나 사람이 하루에 먹어야 할 음식물의 양은 자기 몸무게의 10분의 1도 되지 않는다. 일반적으로 동물의 덩치가 커져 몸무게가 무거워질수록 단위 무게당 요구되는 음식물의 섭취량은 감소한다. 따라서 걸리버에게 릴리퍼트인이 먹는 식사량의 1,728배까지 제공할 필요는 없다.

4장

중산층은 단순히 중간 정도로 잘사는 가족일까?

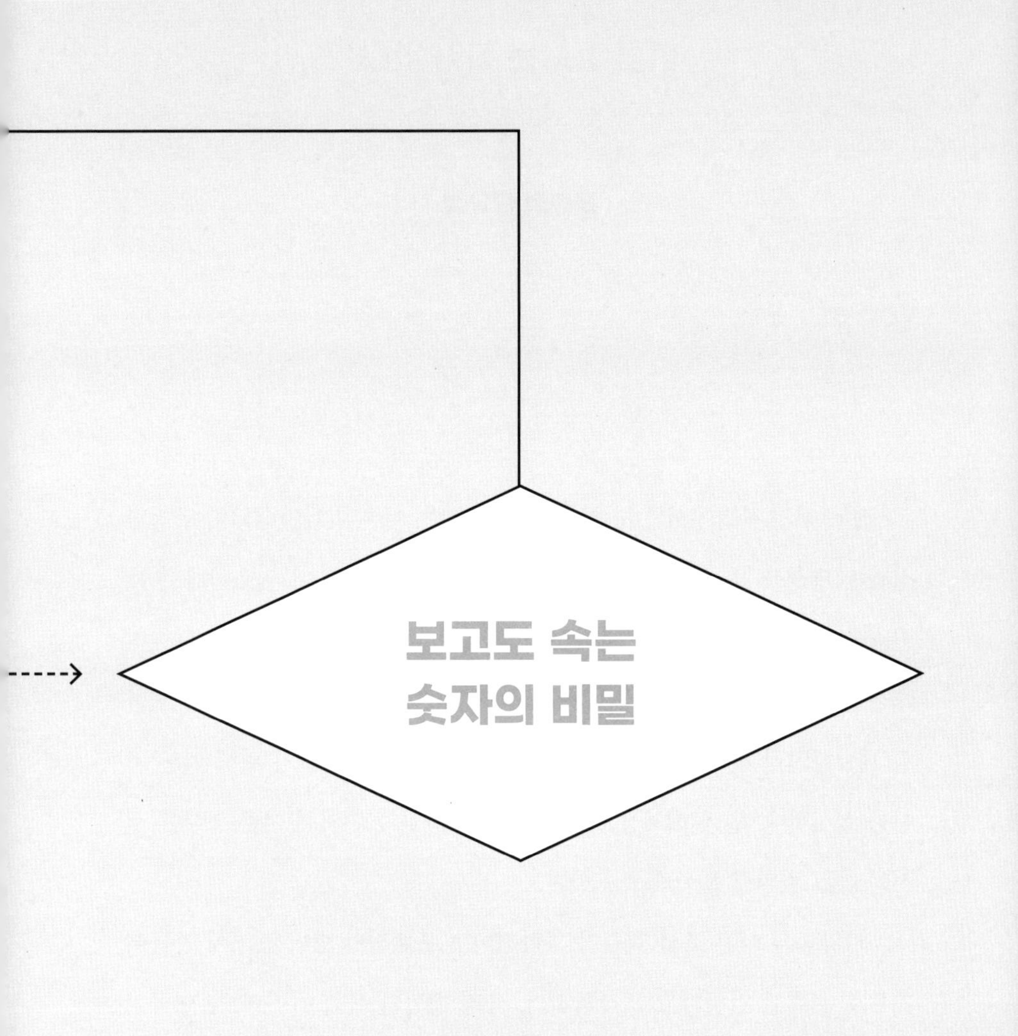
보고도 속는
숫자의 비밀

여론 조사는 죄가 없다

표본의 중요성

민주주의 사회에서는 '민심'으로 표현되는 여론이 뒷받침되어야 정당성과 타당성을 부여받는다. 따라서 입후보자나 정당은 여론 조사를 통해 사람들의 속내와 지지도를 파악하는 데 많은 노력을 기울인다. 정부는 정책을 결정하는 과정에서 국민들의 동의와 지지를 받기 위해, 기업은 제품을 개발하거나 판매하기 전에 사람들의 생각과 입장을 알기 위해 여론 조사를 실시한다. 언론 매체들도 각종 이슈에 관한 이런저런 여론 조사를 실시하고 그 결과를 분석해 보도한다.

사람들은 여론 조사 결과가 과학적이고 통계적인 방법을 거쳐 만들어지므로 신뢰할 만하다고 생각하지만, 측정 방법과 목적에 따라 늘 왜곡의 가능성이 존재한다. 실제로 여론을 정확하게 반영하지 못하는 경우도 제법 많다. 1936년 미국 대통령 선거를 앞두고 《리터러리 다이제스트》와 조지 갤럽이 시행한 여론 조사가 대표적인 예다.

프랭클린 루스벨트

알프레드 랜던

당시 대통령 후보는 민주당의 프랭클린 루스벨트와 공화당의 알프레드 랜던이었다. 이전 네 차례의 대통령 선거에서 당선자를 모두 맞췄던 시사 주간지《리터러리 다이제스트》는 누구를 대통령으로 지지하는지를 묻는 엽서를 정기 구독권, 자동차, 전화기 등을 소유한 유권자 1,000만 명에게 발송해 237만 명에게 응답을 받았다. 엽서를 집계한 결과 랜던이 57%, 루스벨트가 43%로 나와 랜던이 대통령으로 당선될 것이라고 예측했다. 반면 갤럽은 겨우 5만 명의 사람들에게 의견을 물어 루스벨트의 당선을 예측했다. 선거는 루스벨트가 62%의 압도적 지지를 얻으며 당선되었다.

《리터러리 다이제스트》가 역사상 가장 빗나간 여론 조사를 시행하게 된 이유는 유권자 전체를 대표하지 못하고 특정 집단의 사람들만을 조사 대상으로 삼아 대표성과 신뢰성을 상실했기 때문이다. 당시 미국 유권자들의 상당수는 자동차나 전화기 등을 소유하지 못한 저소득층이었다. 이들은 루스벨트를 지지하는 성향이 강했고, 상대적으로 고소득층에서는 루스벨트보다 랜던을 선호하는 비율이 높았다는 사실이 《리터러리 다이제스트》의 조사 결과에 반영되지 않았던 것이다. 이처럼 특정 집단에 편중된 표본을 선택해 여론 조사를 실시하면 엉뚱한 결과가 나온다.

때로는 통계를 대하는 일반인들의 부정확한 인식을 역이용해 자신에게 유리한 방향으로 여론 조사를 실시하거나, 자료를 의도적으로 왜곡해 자신의 주장을 정당화하는 근거로 활용하기도 한다.

아래 표는 2009년 국토해양부 홈페이지에 게재된 '4대강 살리기' 사업 관련 지역민 여론 조사 결과다. 여론 조사 결과만 보면 지역 주민 상당

'4대강 살리기' 사업 관련 지역민 여론 조사

지역	찬성	반대	무응답
낙동강(부산, 대구, 안동)	61.20%	27.00%	11.80%
영산강(나주, 함평)	58.30%	21.40%	20.30%
한강(충주)	57.30%	23.30%	19.40%
금강(연기)	45.90%	38.10%	16.00%

조사일: 2009년 1월 7일
조사 방법: 전화면접조사(CATI)
조사 대상: 조사지역 거주 만 19세 이상
조사 지역: 부산시, 대구시, 안동시, 나주시, 함평군, 충주시, 연기군
표본 수: 1,000명

수가 '4대강 살리기'에 찬성하고 있다. 그러나 이 여론 조사는 찬성과 반대의 수치만 제공할 뿐 조사 지역별 여론 조사 대상자의 숫자, 신뢰수준, 표본오차, 응답률을 발표하지 않아 문제가 있다.

여론 조사는 전체가 아닌 일부 표본만을 대상으로 실시한다. 여기서 얻은 자료로 전체의 값을 추정하는 과정에서 오차가 발생할 가능성이 늘 존재하므로 반드시 여론 조사 대상자의 숫자, 신뢰수준, 표본오차, 응답률 자료도 함께 제시해야 한다. 구체적인 사례를 활용해 이들 용어의 의미를 좀 더 자세히 알아보자.

> 전국 만 18세 이상 남녀 1,000명을 대상으로 '학교폭력 가해 학생의 징계 사실을 생활기록부에 기재하는 일이 학교폭력을 예방하는 데 도움이 되는가?'에 관한 여론 조사를 실시했다. 조사 결과 '그렇다'라고 응답한 비율이 63%였으며 표본오차는 ±5%포인트, 신뢰수준은 95%, 응답률은 40%였다.

위 글에서 표본오차가 ±5%포인트라는 말은 표본 조사에서 도움이 된다고 말한 비율이 63%로 나타났지만, 표본 1,000명이 아닌 전체를 대상으로 조사를 할 때는 그 비율이 63−5=58(%)와 63+5=68(%) 사이에 있다는 뜻이다. 단, 여기서 표본오차를 ±5%로 표현했다면 100이 아닌 63의 5%를 의미한다. 63의 5%는 3.2이므로 63±3.2가 된다. 즉 도움이 된다고 응답한 비율이 59.8%에서 66.2% 사이에 있다는 뜻으로 해석해야 한다.

신뢰수준이 95%라는 말은 조사를 100번 실시했을 때 도움이 된다는 비율이 58%~68% 사이에 있는 경우가 95번이고, 5번 정도는 이 범위를 벗어난다는 의미다. 또는 실제와 여론 조사에서 얻어진 결과와의 차이가 5%보다 클 확률이 5% 정도라고 받아들여도 좋다. 5%의 확률이 주는 의미는 사람마다, 상황마다 다르다. 별것 아니라며 가볍게 넘어가기도 하지만, 큰 수치로 인식하고 심각하게 받아들이는 경우도 있다.

마지막으로 응답률이 40%라는 말은 조사 대상 1,000명 중 400명이 응답을 했으므로 400명의 의견만 반영되었고 나머지 60%인 600명의 의견은 반영되지 않았다는 의미가 아니다. 여론 조사를 할 때 응답률이 낮으면 원래 표집 대상자 수인 1,000명의 응답자를 채울 때까지 새로운 표집을 상대로 조사를 계속 진행한다. 따라서 응답률이 40%라면 2,500명을 대상으로 조사를 실시해 그중에서 1,000명이 대답했다는 의미다. 응답률이 낮다고 해서 여론 조사 결과의 신뢰도가 낮아지지는 않는다. 그러나 응답률이 지나치게 낮다면 조사 결과의 정확성을 보장하기 어렵고 왜곡의 가능성도 커지므로 조사 결과를 해석할 때 신중을 기해야 한다.

플러스+ 28

— 우리나라에서는 유권자 판단의 독립성을 보호하기 위해 선거일 6일 전부터 선거일의 투표 마감 시각까지 선거에 관한 일체의 여론 조사와 그 결과를 공표하거나 보도할 수 없도록 법으로 제한하고 있다.

선거일을 얼마 남겨두지 않은 상태에서 실시되는 여론 조사는 유권자에게 어떤 영향을 끼칠까?

➜ 풀이 250쪽

최저 임금만 받아도 중산층이 된다니

평균의 함정

인천시, 중위소득 50% 이하 '긴급재난지원금' 현금으로 우선 지급 …

재난지원금은 기준 중위소득 75% 이하 등 취약 계층에 집중적으로 지원 …

긴급재난지원금 지원대상은 중위소득 100% 이하(소득 하위 50%) 가구로 …

중위소득 150% 1,400만 가구 적용될 듯 …

뉴스나 인터넷을 보면 중위소득이란 단어가 자주 언급된다. 그러나 이 용어의 의미를 제대로 아는 사람들은 생각보다 많지 않다. 중위소득이란 전체 가구를 소득 순서에 따라 순위를 매긴 후 한 줄로 세웠을 때 정확히 가운데에 자리 잡은 가구의 소득을 의미한다. 예를 들어 다섯 가구의 소득이 차례대로 100만 원, 200만 원, 300만 원, 400만 원, 500만 원이라면 가운데 위치한 300만 원이 중위소득이다. 중위소득은 통계청이 발표하는 가계동향조사를 토대로 전년도 중위소득 수치에 과거의 평균 증가율을 적용해 결정한다. 2015년 7월부터는 최저생계비를 대신해 복지 정책 대상자의 선정과 중산층을 구분하는 기준으로 활용되고 있다.

경제협력개발기구(OECD)에서는 중위소득의 50~150%에 해당하는 계층을 중산층, 50% 미만은 저소득층, 150% 이상이면 상류층으로 구분한다. 우리나라도 이 기준을 따르는데, 2021년 기준 중위소득은 1인 가족의 경우 월 소득 182만 원이므로 월 소득 91만 원에서 273만 원까지의 가구가 중산층으로 분류된다. 2021년 최저 임금은 월급으로 약 182만 원이므로 최저 임금을 받으면 중산층인 셈이다.(참고로 2020년 교육급여는 중위소득 50% 이하를 기준으로 대상자를 선정했다.)

중위소득을 가구의 대략적인 평균 소득으로 이해하는 사람들이 많은데, 실제로는 평균 소득이 중위소득보다 훨씬 큰 경우가 대부분이다. 소득이 전혀 없는 사람과 저임금 노동자가 많을 때 발생하는 부의 쏠림 현상이 중위소득을 왜곡하기 때문이다. 따라서 사람들이 생각하는 것보다는 낮은 금액으로 중위소득이 결정된다. 이 때문에 각종 복지 정책에 가구 중위소득이라는 잣대를 들이밀면 예상보다 훨씬 많은 국민이 복지 정책에서 소외되는 현상이 발생하기도 한다. 평균의 개념을 활용해 좀 더 자세히 살펴보자.

특정 집단의 중심 성향이나 특성을 나타내는 자료를 대푯값이라고 하는데, 보통 평균을 대푯값으로 가장 많이 활용한다. 평균은 일반적으로 산술

	직원들의 임금 (단위 : 만 원)									평균
A회사	100	200	200	200	300	600	800	1,000	4,700	810
B회사	200	300	300	300	400	400	500	600	600	400

평균(134쪽 참고)을 의미하므로 모든 자룟값을 더한 다음 자룟값의 개수로 나누어 구한다.

위 표에서 A회사는 최고 임금액이 높아 평균 임금도 높게 나왔다. 반면에 B회사는 임금 격차가 상대적으로 작아 평균이 낮게 나왔다. A회사처럼 상위 자룟값과 하위 자룟값의 차가 매우 크면 값이 어느 한쪽으로 치우치는 현상이 일어나 평균이 전체의 특성을 제대로 반영하지 못하는 부정확한 통계 자료가 된다. 이 현상을 통계학에서는 '평균의 함정'이라 부른다. 중위소득처럼 국민 소득과 관련된 자료에서 최젓값과 최곳값 사이의 격차가 매우 큰 경우에도 평균의 함정 현상이 발생한다. 소득과 관련된 자료에서 평균의 함정 현상이 발생하면, 수치상 평균 소득과 실제 평균적인 국민 소득 사이의 차이가 커지면서 경제적 건전성을 제대로 나타내지 못하게 된다.

평균 외의 대푯값으로는 중앙값(중간값)과 최빈값이 있다. 중앙값은 중위소득과 같은 개념으로, **자료들을 크기 순서대로 나열했을 때 정확히 가운데 위치한 자료의 값**을 일컫는다. 위 표에서 중앙값은 A회사 300만 원, B회사 400만 원이다. **최빈값은 자료 중 가장 많은 빈도수를 갖는 자료**를 말한다. 위 표에서 A회사는 200만 원(3명), B회사는 300만 원(3명)이 된다. 평균은 자료에서 가장 크거나 작은 값에 큰 영향을 받기 때문에 중앙값과 최빈값도 꼼꼼히 살펴보면서 신중하게 자료를 해석해야 한다.

앞서 살펴본 것처럼 우리나라는 OECD 기준에 따라 중산층을 구분하다 보니 최저 임금을 받으면 중산층이라는 웃지 못할 상황이 발생한다. 현실과는 너무 동떨어진 통계가 되어 사람들에게 신뢰를 주기도 힘들다. 현실을 제대로 반영하지 못하는 통계 자료를 기준으로 정책 목표를 세우면 왜곡된 결과를 가져올 가능성이 높다. 이렇게 왜곡된 결과에서 발생하는 피해는 고스란히 국민이 떠맡아야 한다.

우리나라는 중산층의 기준이 다양하다. 주택청약종합저축 가입에서 세제 혜택을 받는 자격은 연 소득 7,000만 원 이하, 중산층 이하 가구의 교육비 부담을 줄이기 위한 반값 등록금 수혜 대상은 소득 상위 30% 이하다. 한편 중산층의 주택 마련을 돕는 생애 첫 주택 대출 대상은 부부 합산 연 소득 7,000만 원 이하다.

2015년에 직장인을 대상으로 중산층의 기준을 설문 조사한 적이 있다. 조사 결과 '부채 없이 99m²(약 30평) 아파트에 살면서, 중형 승용차로 출퇴근하고, 500만 원 이상의 월급을 받아, 통장에 1억 원 이상을 저축하고 있으며, 해외여행은 1년 1회 이상 다닐 수 있어야' 중산층이라는 결과가 나왔다. 모든 조건이 돈을 기준으로 중산층을 구분하고 있다. 이와 달리 물질적인 면보다는 삶의 질을 기준으로 중산층을 구분하는 곳도 있다. 미국의 공립 학교에서 가르치는 중산층의 기준을 살펴보자.

1. 자신의 주장에 떳떳하고

2. 사회적인 약자를 도와야 하며

3. 부정과 불법에 저항하며

4. 테이블 위에 정기 구독하는 비평지가 놓여 있을 것

자본주의가 매우 발달한 미국이지만, 적어도 학생들에게 중산층의 기준을 가르칠 때는 돈보다 정신적인 가치를 더욱 중요하게 여긴다. 우리나라는 압축 성장을 하면서 어느 사이엔가 돈이 모든 것의 가치 기준이 된 것처럼 느껴진다. 이제라도 세계 10위권의 경제 규모와 1인당 국민소득 31,000달러에 걸맞는 가치관을 정립하고, 삶의 질과 행복감을 높이는 방향으로 나아가야 한다는 생각이 든다.

플러스+ 29

— 퐁피두 센터는 루브르 박물관, 오르세 미술관과 더불어 프랑스 3대 미술관의 하나이며 유럽에서 가장 많은 현대 미술작품을 소장하고 있다.

퐁피두 센터라는 이름의 유래가 된 프랑스의 대통령 퐁피두(1911년~1974년)는 '삶의 질'이라는 공약집을 만들었는데, 여기에서 제시한 중산층의 기준은 무엇일까?

조르주 퐁피두
ⓒEric Koch / Anefo-Nationaal Archief

➜ 풀이 250쪽

거짓말 탐지기를 수사에 도입해도 될까?

조건부 확률

수학을 대하는 일반인들의 인상은 대체로 부정적인 면이 강하다. 특히 학생들에게는 거의 공공의 적 수준이다. 쓸모도 없고 사교육이나 유발하는 수학을 도대체 왜 배우는지 모르겠다는 푸념도 심심찮게 들린다. 그럼에도 학교에서 수학을 가르치는 이유는 '논리적으로 사고하는 능력'을 기르기 위해서다. 특히 현대 사회는 논리적으로 생각하는 힘을 기르도록 요구한다. 감정보다는 논리적인 과정을 거쳐 유도된 결론이 더 쉽게 받아들여지고 타당하다는 평가도 받는다. 학교 시험에서 서술형 평가 비중을 늘리는 이유도 여기에 있다.

논리적 사고는 평소에 비판적으로 생각하는 태도에서 시작된다. 주어진 사실을 있는 그대로 받아들이기보다는, 먼저 의문을 가져보고 그 의문에 스스로 답을 찾아보는 습관이 중요하다. 이 과정에서 논리적 사고 능력은 저절로 길러진다. 다음 글을 꼼꼼하게 읽어보자.

1. 경찰은 촛불 집회의 참가자 수를 8만 명으로 집계했다. 반면 주최측에서는 70만 명으로 추산했다.
2. 금일 여의도 문화광장을 찾은 인파만 주최 측 추산 5만 명, 경찰 추산 1만 6천 명이었다.
3. 촛불문화제에 참여한 인원을 두고 논란이 일고 있다. 추산 인원수는 5만 명에서 100만 명까지 극단적으로 엇갈린다.

행사나 집회의 성공 여부를 판단하는 데 참여 인원수는 매우 중요한 지표다. 특히 시국 관련 집회의 경우는 참여 인원수를 경찰이나 주최 측 모두 예민하게 받아들인다. 경찰은 주최 측이 너무 많이 센다고 주장한다. 반면 주최 측은 경찰이 너무 적게 센다고 맞대응을 한다. 주최 측에서는 행사나 집회의 정당성을 홍보하려 참여 인원수를 유리하게 계산한다고 하더라도, 경찰 측의 계산 인원과는 차이가 지나치게 크다.

앞서 말했듯이 이렇게 의문이 들 때는 스스로 답을 찾아보는 태도를 길러야 한다. 아래에 집회 참여 인원을 계산하는 자료를 제시한다. 직접 인원수를 계산해보자. 계산기만 있다면 과정은 단순하다. 2번 글을 바탕으로 참여한 인원을 직접 계산해보고, 행사장의 분위기도 상상해가며 주최 측과 경찰 측 주장의 타당성을 검토해보자.

서울광장의 넓이는 13,207m^2, 여의도 문화광장의 넓이는 52,993m^2이다. 경찰은 사람들이 듬성듬성 앉아 있을 때 3.3m^2당 4명, 서 있을 때 6명, 사람들의 밀도가 높다면 앉아 있을 때는 3.3m²당 6명, 서 있을 때 10명으로 계산한다.

거짓말 탐지기의 맹점

검찰이 뇌파를 이용한 거짓말 탐지기를 수사에 도입한다고 발표했다. 검찰에 따르면 이 기계의 정확도는 95%라고 한다. 1,000명 중 1명이 범인이고, 이 기계가 범인이 아닌 사람을 범인이라고 지목할 확률이 5%라고 할 때, 이 기계로 어떤 사람을 검사했을 때 범인이라고 나왔다면 이 사람이 범인일 가능성은 얼마나 될까?

이 문제에 하버드 의대 병원의 의사와 의대생들 대부분은 95%라고 대답했다. 과연 그들의 의견이 맞을까? 스스로 풀이를 생각해보고 아래 설명을 읽어보자.

세계에서 가장 뛰어난 지능 수준을 가진 하버드 의대의 의사와 의대생들조차 '범인을 범인으로 판정할 확률'과 '범인이라고 판정받은 사람이 범인일 확률'을 혼동하고 있다. 이 기계로 1,000명을 검사하면 50명이 범인이라고 나온다. 이 중에서 한 명만이 진짜 범인이므로 기계가 범인이라고 판단해도 실제 범인일 가능성은 50분의 1, 즉 2%에 지나지 않는다. 기계의 오류 가능성 때문에 실제 범인을 범인이 아니라고 판정할 가능성도 고려해야 하므로 사실상 2%도 되지 않는 셈이다.

플러스+ 30

— 다음은 어느 대학교의 모의 논술 문제 일부를 재구성한 것이다. 실제 HIV 보균자일 확률은 2% 이하임에도 사람들이 95%라고 답한 이유는 무엇일까?

에이즈를 일으키는 바이러스(HIV)의 보균율이 0.1%라고 하자. 한 과학자가 HIV 보균자를 탐지할 수 있는 검사를 개발했다. 그런데 이 검사 방법이 완벽하지는 않다. 이 검사에서 양성이 나오면 보균자로, 음성이 나오면 비보균자로 진단하게 된다. 이 검사는 HIV 보균자일 경우에 검사 결과가 100% 양성으로 나오지만, HIV 비보균자인 경우에도 양성으로 나올 확률이 5%가 된다. 만약 어떤 사람의 검사 결과가 양성으로 나왔을 때 이 사람이 HIV 보균자일 확률은 얼마일까? 이 질문에 사람들 대부분이 95%라고 대답한다. 그러나 정답은 2% 이하다.

➔ 풀이 250쪽

로또 번호를 예측해보자

큰 수의 법칙

아래 대화를 읽고 어느 사람의 의견이 맞는지 생각해보자.

"왕대충 씨, 로또 794회까지 1등 당첨 번호로 가장 많이 나온 숫자가 뭔지 알아?"

"글쎄요."

"자, 보라고. 34는 무려 126번이 나왔는데 9는 겨우 80번밖에 안 돼. 34가 나온 횟수가 9의 1.5배가 넘어. 34가 너무 많이 나왔다는 이야기지. 그러니 이번 주 로또에는 34보다 9가 나올 확률이 더 높아."

"뭐라구요? 이한방 씨?"

"생각해 봐. 로또 번호는 1부터 45까지 나오는 횟수가 비슷해야 하는데 34가 너무 자주 나왔어. 그러므로 큰 수의 법칙에 따르면 나온 횟수가 적은 번호를 택해야 유리하다는 말이지."

"글쎄요. 저는 34가 자주 나왔으니 이번 주에도 34가 나올 확률이 더 높다는 생각이 드는데요."

물론 두 사람 모두 잘못된 주장을 하고 있다. 로또나 주사위를 던질 때 나오는 숫자는 앞의 결과에 전혀 영향을 받지 않는다. 쉽게 말해서 주사위를 던졌을 때 1의 눈이 나온 것과 주사위를 한 번 더 던져 1이 나오는 것 사이에는 아무런 상관이 없다는 이야기다. 이처럼 **이전 시행이 다음 시행의 결과에 영향을 주지 않는 것을 독립시행**이라고 부른다. 주사위 던지기, 동전 던지기, 로또를 비롯해 환자의 완치율, 명중률 등이 여기에 해당한다.

독립시행의 특징은 확률이 변하지 않는다는 것이다. 예를 들어 주사위를 충분히 많이 던진 후 나온 횟수를 조사해보니 4가 가장 적게 나왔다고 해서, 다음번에 던질 때 4가 나올 확률이 $\frac{1}{6}$ 보다 더 크거나 작다고 말할 수 없다는 의미다. 로또도 마찬가지이므로 9나 34가 나올 확률은 늘 일정하다. 지금까지 나온 횟수와는 상관없이 두 번호가 나올 확률은 여전히 $\frac{1}{45}$로 변하지 않는다.

주사위를 한 번 던져 1이 나올 확률 $\frac{1}{6}$처럼 이론적으로 계산한 확률을 수학적 확률이라고 부른다. 주사위를 6번 던지면 1회, 60번 던지면 10회는 1의 눈이 나온다는 뜻이다. 그러나 실제로 주사위를 6번, 60번 던져보면 1이 정확하게 1회, 10회 나오는 경우는 매우 드물다.

반면 통계적 확률은 실제로 일어난 확률을 의미한다. 예를 들어 주사위를 60번 던졌을 때 1이 12회 나온 확률 $\frac{12}{60}$를 통계적 확률이라고 부른다.

수학적 확률과 통계적 확률이 일치하는 경우는 드물다. 그러나 주사위를 던지는 횟수가 많아질수록 각 숫자가 나온 통계적 확률은 수학적 확률에 근접해간다. 즉 주사위를 반복해서 던지면 1이 나올 확률이 $\frac{1}{6}$에 점점 가까워진다는 뜻이다. 이 이론을 '큰 수의 법칙'이라고 부른다.

주사위 던지기를 통해 구체적으로 살펴보자. 주사위를 60번 던졌더니 1이 13회, 600번 던졌을 때는 106회, 6,000번을 던져 987회 나왔다고 하자. 이 숫자들을 자세히 보면 실제로 6이 나온 횟수와 수학적으로 나와야 할 횟수의 차이는 13−10=3, 106−100=6, 1000−987=13으로 점점 더 벌어진다. 그러나 각각의 확률은 $\frac{13}{60}$=0.216…, $\frac{106}{600}$=0.176…, $\frac{987}{6000}$=0.1645가 되어 수학적 확률인 $\frac{1}{6}$=0.166… 에 점점 가까워진다.

우리가 관찰하는 현상 하나하나는 우연에 의해 지배되는 것처럼 보인다. 그러나 사례를 누적시킨 후 전체적인 경향을 살펴보면 일정한 패턴이 드러난다는 것을 발견할 수 있다. 이를 연구하는 이론이 바로 큰 수의 법칙이다.

로또 당첨 번호를 예측해주는 프로그램이 있다?

팍팍한 삶이 나아질 희망이 보이지 않아서인지, 인생 역전의 바람이 절실해서인지, 아니면 로또를 산 뒤 추첨할 때까지 상상의 나래를 펴는 즐거움 때문인지 로또를 구매하는 사람들은 좀처럼 줄어들지 않는다. 이러한 기류에 편승해서 컴퓨터 프로그램으로 1등 당첨 번호를 예측해준다는 수많은 인터넷 사이트가 성업 중이다. 로또 프로그램을 수학의 관점에서 보면, 구매자에게 1등에 당첨될 가능성이 높아진다는 환상을 좀 더 현실감 있게 심어줄 뿐 실제 당첨 가능성과는 아무런 상관이 없다. 그런데 로또 번호 추천 사이트에서는 어떻게 매회 1등 당첨자가 나올까?

예를 들어 어떤 사이트에서 서로 다른 로또 번호 1만 개를 회원들 각자에게 추천했고, 회원들이 그 번호 모두를 구매했다면 당첨 가능성은 814만 분의 1에서 1만 배가 커진 $\frac{1}{814}$로 비약적으로 증가한다. 물론 당첨 가능성이 높아진다는 의미는 각 개인의 당첨 가능성이 커진다는 뜻이 아니다. 각 개인의 당첨 가능성은 여전히 814만 분의 1로 변함이 없다. 단지 그 사이트에서 당첨자가 나올 확률이 높아진다는 의미다.

즉 사이트에서 추천하는 번호를 많이 구매할수록 그 사이트에서 당첨자가 나올 가능성도 커진다. 로또 당첨 번호 추천 프로그램을 운영하는 사이트에서 로또를 구매하면 회원 누군가는 1등에 당첨될 수도 있지만, 그 누군가가 내가 될 확률은 본인이 직접 번호를 입력해 로또를 사는 경우와 완전히 똑같다.

플러스+ 31

1. 보험 상품을 설계하거나 보험료를 결정할 때 큰 수의 법칙을 어떻게 활용할 수 있을까?

2. 대학 입시에서 정시 전형 선발 인원을 확대하려는 정책은 큰 수의 법칙과 관련이 있다. 어떤 관련이 있을까?

→ 풀이 251쪽

우연이 지배하는 일상

머피의 법칙

머피의 법칙이란 자신이 바라는 방향으로는 일이 좀처럼 풀리지 않고 원하지 않는 쪽으로만 꼬이는 경우를 일컬을 때 널리 사용되는 용어다. 이 용어는 1949년 미국의 공군 대위 머피가 부하 직원의 실수를 보고 "어떤 일을 하는 데에는 여러 가지 방법이 있다. 그중 한 가지 방법이 문제를 일으킨다면 누군가가 꼭 그 방법을 사용한다."라는 말을 했는데, 머피의 상관이었던 존 폴 스태프 대령이 기자 회견장에서 이 말을 '머피의 법칙'이라는 이름으로 인용하면서 대중화되었다.

마트 계산대에 줄을 서면 다른 줄이 먼저 줄어들거나, 평소에는 수시로 다니던 버스가 막상 자신이 타려고 하면 좀처럼 오지 않거나, 공부하지 않은 곳에서 시험 문제가 출제되거나, 세차를 하면 반드시 비가 온다거나, 지도에서 내가 찾는 곳은 늘 가장자리에 있는 경우 등이 머피의 법칙에 해당한다.

사람들은 머피의 법칙을 '인과관계를 찾을 수 없는 우연'이 지배하는 일상의 한 부분으로 여겨왔다. 이런 상황을 접하게 되면 사람들은 오늘이 특히 재수가 없는 날이라고 여기거나, 나에게만 해당되는 것이 아니라 다른 사람들에게도 똑같이 적용되는 일이라고 위안하며 대수롭지 않은 척 지나치는 경우가 대부분이다. 머피의 법칙을 그저 우연으로만 치부하지 말고 수학적으로 이해해보자.

머피의 법칙 중 '내가 있는 마트 계산대만 줄어들지 않는 이유'를 수학의 관점에서 설명해보자. 계산대가 1곳이라면 줄이 빨리 줄어들지 않는다고 불평은 하겠지만, 비교 대상이 없으므로 머피의 법칙은 성립하지 않는다. 계산대가 2곳일 때는 어떻게 될까? 특별한 변수가 발생하지 않는다면 계산대에서 일을 처리하는 데 걸리는 시간이 비슷할 것이므로 각각의 계산대 중에서 어느 줄이 더 빠르게 줄어들 확률은 $\frac{1}{2}$로 같다. 즉 비교 대상이 1곳뿐이므로 2곳 중 어느 계산대를 선택하더라도 줄이 줄어드는 속도는 같다. 따라서 계산대가 2곳일 때도 머피의 법칙이 성립한다는 생각은 들지 않는다. 계산대가 3곳이라면 내가 선택한 계산대가 더 빠르게 줄어들 확률은 $\frac{1}{3}$인 반면 비교 대상인 다른 두 계산대 중 어느 하나가 더 빠르게 줄어들 확률은 $\frac{2}{3}$로 두 배나 된다. 이때부터는 머피의 법칙이 성립한다고 느끼기 시작한다. 대형 마트처럼 계산대가 10곳쯤 된다면 내가 선택한 계산대가 가장 빨리 끝날 확률은 불과 $\frac{1}{10}$이다. 비교 대상이 되는 나머지 9곳의 계산대 중 어느 하나가 먼저 끝날 확률은 무려 $\frac{9}{10}$이다. 사람들은 내가 서 있는 계산대와 다른 9곳의 계산대를 마치 하나의 계산대처럼 여기며 비교하고는 머피의 법칙이 성립한다고 생각하는 것이다.

또 다른 머피의 법칙, 지도에서 내가 찾는 곳은 늘 가장자리에 있는 이유를 생각해보자. 편의상 지도의 크기를 A4 규격의 종이라고 하자. A4 규격은 210mm×297mm이고 한글에서의 여백은 다음과 같다.

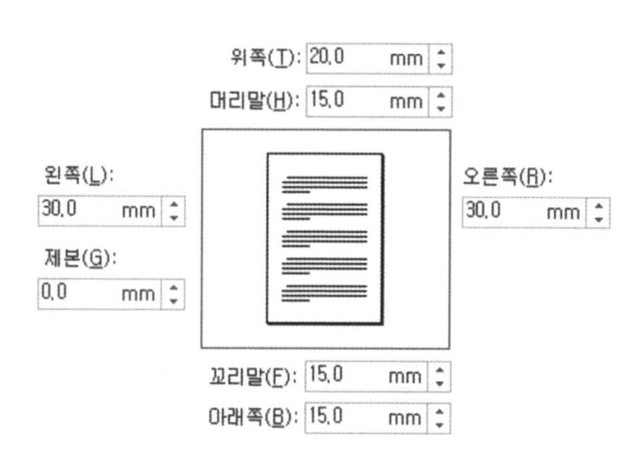

이 여백의 넓이를 계산하면 27,570mm²로, 이는 전체 넓이의 44%에 해당한다. 상하좌우 여백을 5mm씩만 늘여도 50%가 넘는다. 이처럼 인쇄물에서 여백이 차지하는 부분은 생각보다 많다. 따라서 내가 찾는 곳이 가장자리에서 나올 확률도 덩달아 커진다.

머피의 법칙이란 일상생활의 여러 가지 일들 중에서 확률이 높은 일이 당연히 더 자주 일어난 것에 지나지 않는다. 단지 내가 원하지 않았던 일에 대한 기억이 지워지지 않고 오랫동안 머릿속에 남아, 그런 일이 자주 일어난다는 생각이 들게 만드는 오해의 다른 이름일 뿐이다.

플러스+ 32

— 다음 이야기를 읽고, 머피의 법칙에 해당하는 일화들을 논리적으로 반박해보자.

나는 같은 과 친구와 원룸에서 함께 자취 생활을 한다. 나는 2층 침대의 2층을 사용하는데, 아침에 일어나다가 매번 천장에 머리를 부딪친다. 전날 친구와 술이라도 한잔 하고 잠든 다음 날, 아침에 목이 말라 냉수를 마시려고 냉장고를 열면 물통은 늘 비어 있다. 바쁜 날 아침에 세수를 하려고 세면대의 수도꼭지를 틀면 샤워기에서 물이 나와 온몸을 적신다. 이번 기말고사에서는 열심히 공부를 했는데도 내가 놓친 부분에서만 문제가 출제되어 원하는 학점을 얻지 못했다. 친구와 함께 자취를 하면서부터 머피의 법칙이 나를 지배하고 있는 것 같다. 새 학기에는 아무래도 이 친구와 떨어져 따로 자취를 해야 할 것 같다.

→ 풀이 251쪽

움직이지 않는 평균

평균으로의 회귀

국경 요새 근처에 새옹이라는 늙은이가 살고 있었다. 어느 날 새옹이 아끼던 말이 갑자기 오랑캐 땅으로 도망쳤다. 이웃 사람들은 그를 딱하게 여겨 위로의 말을 전했다. 그러나 새옹은 평소와 다름없는 얼굴로 "이 일이 어쩌면 내게 복을 가져다줄지도 모르지요."라고 말했다.

얼마 후 도망쳤던 새옹의 말이 오랑캐의 준마들을 데리고 돌아왔다. 사람들은 축하의 말을 건넸다. 그러나 새옹은 "이 일이 어쩌면 내게 화를 가져다줄지도 모르지요."라고 말했다.

시간이 흐르면서 새옹의 집에는 좋은 말들이 점점 늘어만 갔다. 그러던 어느 날 새옹의 하나밖에 없는 아들이 말을 타다가 말에서 떨어져 다리뼈가 부러졌다. 다친 아들은 절름발이가 되었다. 이 소식을 들은 마을 사람들이 새옹을 불쌍히 여기며 안타까움을 전했다. 새옹은 이번에도 "이 일이 어쩌면 내게 복을 가져다줄지도 모르지요."라고 말했다.

몇 달 후 오랑캐가 새옹이 사는 마을을 침략해왔다. 건강한 장정들은 전쟁터에 끌려나가 대부분은 죽거나 불구가 되었지만, 새옹의 아들은 절름발이였기 때문에 전쟁을 피해 살아남을 수 있었다.

통계학에 '평균으로의 회귀'라는 용어가 있다. 이 용어는 평균을 훌쩍 뛰어넘는 일이 일어났을 때, 그 다음에는 평균값 이하의 현상이 발생해 전체적으로 평균이 일정한 상태에서 유지되는 것을 일컬을 때 사용된다.

평균으로의 회귀는 찰스 다윈의 이종사촌인 프랜시스 골턴이 아들과 아버지의 키의 관계에서 발견한 이론이다. 아버지의 키가 클 때 자식도 키가 크다면 인류는 매우 키가 큰 사람과 작은 사람으로 양분될 것이다. 그렇지만 평균으로의 회귀 때문에 그런 일은 벌어지지 않고, 세대를 거듭하면서 사람의 키는 안정적인 상태를 유지한다.

주사위를 활용해 평균으로의 회귀를 좀 더 구체적으로 설명해보자. 주사위를 한 번 던져서 1, 2, 3, 4, 5, 6의 눈이 나올 확률은 모두 $\frac{1}{6}$이고, 각각의 눈의 값에 그 눈이 나올 확률을 곱해서 더한 값, 즉 $\frac{1}{6}+\frac{2}{6}+\cdots+\frac{5}{6}+\frac{6}{6}=3.5$를 기댓값이라고 부른다. 기댓값은 어떤 확률적 사건에 대한 평균이라는 의미이므로, 주사위를 한 번 던졌을 때 나오는 눈의 값이 평균적으로 3.5라고 생각하면 된다.

주사위를 던졌을 때 기댓값 3.5보다 높은 4의 눈이 나왔다면 다음번엔 4보다 작은 눈이 나올 확률이 더 크다. 처음에 4의 눈이 나왔다면, 다음번엔 4보다 작은 눈 1, 2, 3이 나올 확률은 $\frac{3}{6}$이지만 4보다 큰 5, 6이 나올 확률은 $\frac{2}{6}$이므로 기댓값 3.5보다 작은 눈이 나올 확률이 더 크다는 의미다. 반대로 처음에 기댓값 3.5보다 작은 눈 2가 나왔다면, 다음번엔 2보다 큰 눈이 나올 확률이 커진다. 다시 말해서 평균보다 큰 값이 나온다면 다음번에는 평균보다 작은 값이 나오는 경우가 일반적인 현상이다.

단, 평균으로의 회귀를 유사한 개념인 **도박사의 오류**와 혼동하지 않아야 한다. 도박사의 오류란 평균으로의 회귀처럼 확률도 균형을 이룰 것이라는 착각에서 발생한다. 동전을 던질 때 앞면–뒷면–뒷면–앞면–뒷면–앞면이 나올 확률과 앞면–앞면–앞면–앞면–앞면–앞면이 나올 확률은 모두 $\frac{1}{64}$로 같음에도 앞 경우의 확률이 더 크다고 판단하는 오류다.

플러스⁺ 33

— 다음은 평균으로의 회귀에 해당하는 사례들이다. 왜 그런지 생각해보자.

1. 프로 입문 첫해에 신인왕을 받은 선수가 2년 차에는 기대 이하의 성적을 기록하는 경우가 많다. 이를 '소포모어 징크스'라고 부르기도 한다.

2. 극장가에서 떠도는 '전작보다 나은 속편이 없다.'라는 속설처럼, 영화에서 속편이 전편에 비해 흥행 성적이 부진한 경우가 많다.

➔ 풀이 252쪽

새빨간 거짓말, 통계

통계의 함정

9월 1일은 통계의 중요성을 홍보하기 위해 정부에서 정한 '통계의 날'이다. 매년 이날에는 통계청 주관 아래 통계에 관련된 각종 행사를 개최한다. 유엔에서도 2013년을 '세계 통계의 해'로 정하고 통계의 중요성을 홍보한 적이 있지만, 사람들은 여전히 통계를 수학의 일부로 생각해 낯설고 어려워한다. TV 시청률, 스포츠 경기, 여론 조사 등에 활용되는 통계는 상대적으로 부담감 없이 받아들이는 편이지만, 조금만 깊게 들어가면 심하게 압박감을 느낀다.

"통계 없이 진실을 말하기 어렵고 통계 없이 거짓을 말하기 어렵다."라는 말처럼, 우리의 일상과 통계는 밀접한 관계를 맺고 있다. 통계 없는 세상은 상상할 수 없을 정도가 되었고 생활에서 차지하는 비중은 점점 커져가고 있다. 통계는 삶을 풍요롭게 만들어주는 매우 유익한 도구임에도 사람들은 여전히 학교에서 마지못해 배우는 수학의 한 분야로 생각한다.

플로렌스 나이팅게일

통계의 중요성을 이야기할 때 반드시 언급되는 사람이 우리가 '백의의 천사'라고 부르는 플로렌스 나이팅게일이다. 1854년, 러시아와 연합국 사이에 발생한 크림전쟁에 참전한 수많은 영국 군인들이 부상과 질병으로 쓰러져가고 있었다. 나이팅게일은 이 전쟁의 참상에 관한 보도를 접한 후 영국의 국방장관 시드니 허버트의 요청을 받아들여 38명의 간호사들을 인솔해 터키 이스탄불 야전병원으로 파견 근무를 떠난다. 나이팅게일과 간호사들의 헌신적 간호 덕택에 42%에 이르던 영국군 부상병들의 사망률은 무려 2.2%까지 떨어지게 되었다. 사망률이 획기적으로 개선된 이유는 나이팅게일이 야전병원 운영과 부상병 치료에 통계를 적극적으로 활용했기 때문이다. 나이팅게일은 군인들의 부상, 질병, 사망 등 야전병원의 상황을 조사한 자료를 통계적으로 분석해 위생 개선의 필요성을 담은 보고서를 정부에 제출했다. 야전병원의 상황을 한눈에 파악하게끔 만들어진 나이팅게일의 보고서를 접한 영국 정부는 즉시 위생을 개선하는 작업을 시작했고 사망률은 급격히 낮아졌다.

통계는 잘못이 없다

숫자는 거짓말을 못한다며 통계 자료를 비판 없이 맹신하는 사람이 많다. 하지만 통계 자료 그 자체가 부정확하거나 사용자가 의도에 따라 왜곡한 후 자신의 주장을 합리화하는 데 이용하는 경우도 흔하다. 다음 글을 읽어보자.

> 이번 세법 개정안을 보면 통계의 함정이 곳곳에 숨어 있다. 자료에 의하면 소득 상위 22%인 근로자의 경우 이전보다 세금 부담이 높아졌다고 한다. 즉 소득 하위 78%의 근로자는 세금 부담이 줄어 소득 재분배 차원에서 바람직하다는 것이다. 그러나 저소득층, 시간제 임시직 등의 급여 노동자 중 36.1%는 면세자이므로 세금을 내지 않는다. 면세자를 통계에서 제외하면 근로자의 22%가 아닌 43.7%가 이전보다 세금을 더 내야 한다.

이 글은 세금이 늘어나는 것에 대한 반발을 피하려 통계를 착시 현상처럼 활용한 사례다. 실제로는 두 배 가까운 근로자들이 세금을 더 부담해야 하는데도 마치 고소득자에게만 세금을 더 걷는 개정안처럼 보이게 만든 것이다.

사람들이 문자나 표보다는 그림으로 주어지는 정보를 더 쉽게 받아들이고 선호한다는 사실을 이용해 통계를 왜곡한 사례도 있다. 224쪽 그래프는 우리나라의 자살 사망률이다. 그래프를 꼼꼼히 살펴보지 않으면 우

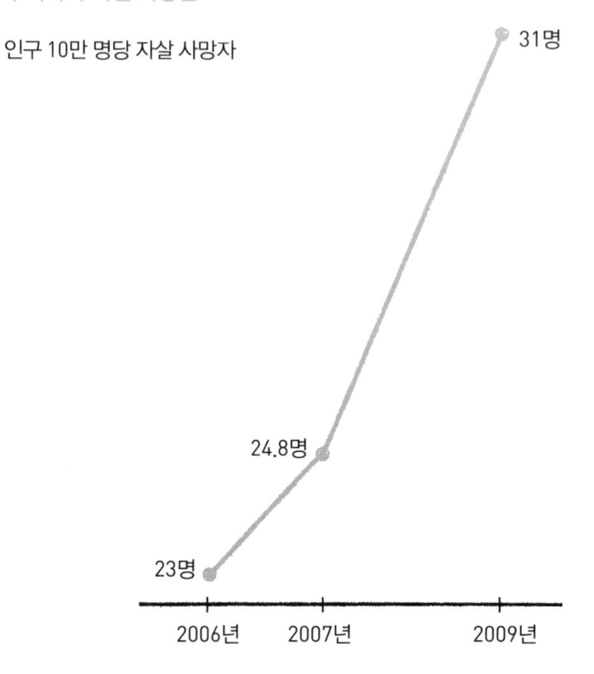

리나라의 자살 사망률이 급격하게 높아지고 있다는 느낌을 받는다. 이 그래프가 자살의 심각성을 알리고 대책 마련을 촉구하는 공익적 목적에 의해 만들어졌다고 해도, 정확하지 않은 그래프를 사용해 사람들에게 왜곡된 인상을 심어주고 있다. 0명에서 22명까지에 해당하는 아랫부분을 잘라내고, 연도별 인원을 고려하지 않은 채 세로 간격을 만들었기 때문에 자살 사망률이 급격히 증가하는 것처럼 보인다.

그래프는 자료를 간결하게 요약할 뿐만 아니라 효과적으로 설명한다는 장점이 있다. 그러나 그래프를 정확하게 그리지 않는다면 오히려 자료에 관해 잘못된 인상을 심어주고 엉뚱한 해석을 유도한다.

19세기 영국의 정치가 벤저민 디즈레일리는 "거짓말에는 세 종류가 있다. 거짓말, 새빨간 거짓말, 그리고 통계."라고 말했다. 통계를 더욱 신중하게 받아들이라는 의미일 것이다. 통계의 중요성을 인식하고 정확하게 해석하는 능력이 향상될수록 주변에서 일어나는 상황들을 훨씬 잘 이해할 수 있고, 삶에도 큰 도움을 준다는 사실을 알아야 한다. 이제부터는 주변에서 만나는 크고 작은 자료들을 꼼꼼하게 따지는 습관을 길러보자.

플러스+34

— 다음은 국가별 최저 임금을 나타낸 그래프다. 이 그래프에서 잘못된 점을 찾아보자.

국가별 최저 임금 비교

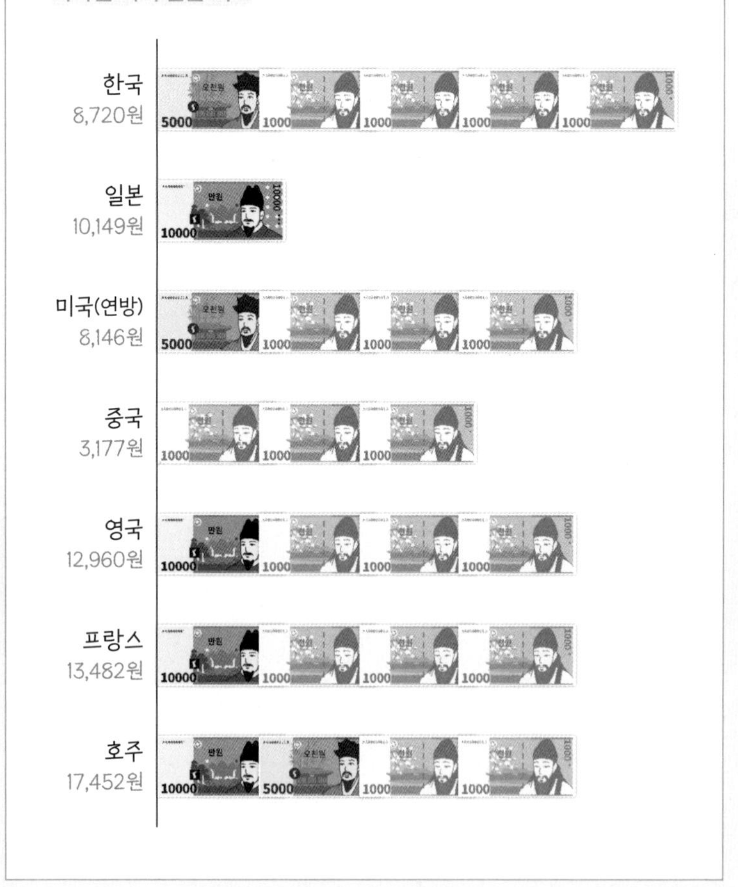

➔ 풀이 252쪽

수학자도 헤맨 확률의 장난

몬티 홀 딜레마

몬티 홀 문제는 미국 TV 프로그램인 〈Let's Make Deal〉의 진행자 몬티 홀의 이름에서 따온 것으로, 확률을 이야기할 때 반드시 언급되는 유명한 문제다.

서진이는 숫자 1, 2, 3이 적힌 3개의 문 중에서 하나를 선택한 후 그 문 뒤에 놓인 경품을 가져가는 게임에 참가했다. 3개의 문 중 어느 한 문 뒤에는 고급 승용차가, 나머지 두 개의 문 뒤에는 염소가 있다. 서진이는 1번 문을 선택했는데, 진행자인 몬티 홀이 2번의 문을 열고 문 뒤에 염소를 보여주며 1번 대신 3번 문으로 선택을 바꿀 생각이 없냐고 묻는다.

고급 승용차를 받으려면 처음에 선택한 1번 문을 그대로 유지하는 게 유리할까? 아니면 3번 문으로 선택을 바꾸는 편이 나을까?

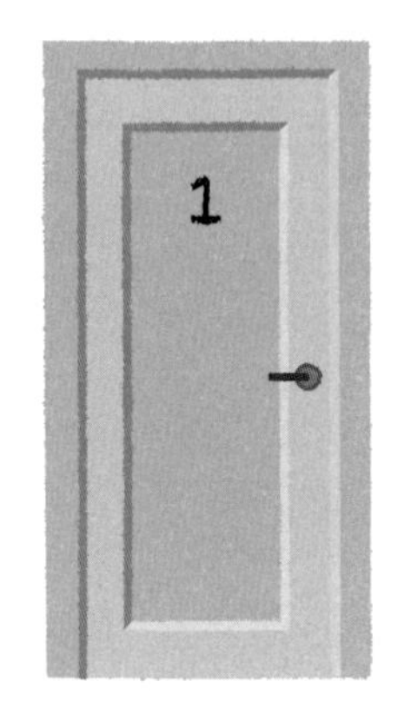

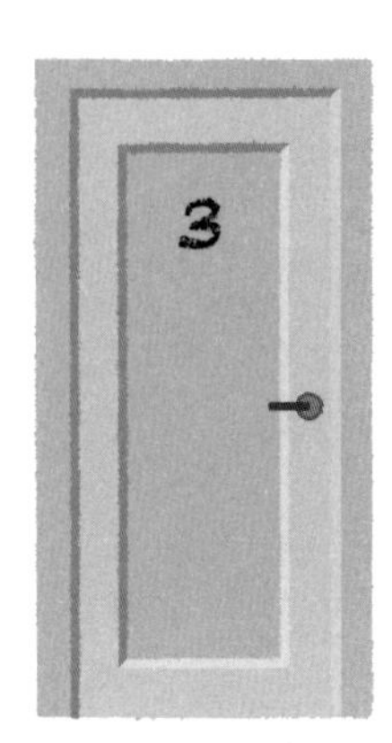

많은 사람이 진행자가 염소가 있는 문을 열었으므로 고급 승용차를 받을 확률이 $\frac{1}{3}$에서 $\frac{1}{2}$로 커졌다고 생각해 처음의 선택을 바꾸지 않는다. 물론 잘못된 선택이다.

급할수록 돌아가라는 옛말이 있다. 주어진 문제에 어떻게 접근해야 할지 모르겠다면 연관된 좀 더 쉬운 문제를 활용해보자. 어려운 문제일수록 한 박자 쉬면서, 더 쉬운 비슷한 유형의 문제를 이용해 풀이 방법을 찾는 것이 좋다. 이때 극단적인 경우를 고려하면 좀 더 이해하기가 쉽다. 다음 문제를 풀어보자.

하진이는 1에서 100까지 적힌 100개의 문 중에 하나를 선택하고 그 문 뒤에 놓인 경품을 가져가는 게임에 참가했다. 이 100개의 문 중에 어느 한 문 뒤에는 고급 승용차가, 나머지 99개의 문 뒤에는 염소가 있다. 하진이는 1번 문을 선택했다. 그러자 진행자인 몬티 홀이 2번부터 99번까지의 문을 모두 열어 문 뒤에 염소가 있다는 것을 보여주며 1번 대신 100번 문으로 선택을 바꾸겠냐고 물었다.

하진이가 고급 승용차를 받으려면 처음에 선택한 1번 문을 그대로 유지하는 게 유리할까? 아니면 선택을 100번 문으로 바꾸는 편이 나을까?

하진이가 처음 선택한 1번 문에 고급 승용차가 있을 확률은 $\frac{1}{100}$이고, 다른 99개의 문에 있을 확률은 $\frac{99}{100}$이다. 그런데 진행자는 하진이가 선택하지 않은 99개의 문 중에서 2번부터 99번까지의 문을 모두 열어 문 뒤에 염소가 있음을 보였다. 따라서 100번 문은 하진이가 선택하지 않은 문들 중에 고급 승용차가 있을 확률인 $\frac{99}{100}$을 고스란히 넘겨받게 된다. 따라서 100번 문으로 선택을 변경하면 바꾸지 않을 때의 확률보다 99배가 더 커진다. 즉 바꾸지 않으면 당첨 확률이 1%, 바꾸면 99%가 되는 것이므로 무조건 바꿔야 한다. 문 하나를 바꾸는 것뿐인데 어떻게 확률 차이가 이렇게 크게 나는지 혼란스럽다면 230쪽 그림을 참고해 설명을 한 번 더 꼼꼼하게 읽어보자.

이제 처음의 문제로 돌아가보자. 서진이가 고급 승용차를 받으려면 하진이의 경우와 마찬가지로 당연히 선택을 바꿔야 한다. 처음에 선택한 문을 유지하면 당첨될 확률은 $\frac{1}{2}$이지만 선택을 바꾸면 확률이 $\frac{2}{3}$로 커진다.

이 문제를 유명하게 만든 사람은 한때 최고의 아이큐 소유자로 기네

스북에 등재되었던 메릴린 사반트였다. 그녀는 신문 칼럼에 이 문제의 풀이를 실었는데, 기사가 나가자마자 수많은 사람들이 그녀의 풀이가 틀렸다며 항의했다. 항의한 사람 중에는 수학자들도 있었다. 이들은 선택을 바꾸는 것과 상관없이 고급 승용차를 받을 확률이 $\frac{1}{2}$이라는 주장을 굽히지 않았다.

사반트는 답답한 마음에 선택의 변경 여부에 따라 결과가 어떻게 되는지 231쪽과 같은 표까지 만들어 설명했지만, 치열한 논쟁은 계속되었다.

처음에 1번 문을 선택했을 때

	1	2	3	4	5	…	99	100
고급 승용차가 있을 확률	$\frac{1}{100}$	$\frac{99}{100}$						

2번부터 99번까지의 문을 열었을 때

	1	2	3	4	5	…	99	100
	?	염소	염소	염소	염소		염소	?
고급 승용차가 있을 확률	$\frac{1}{100}$							$\frac{99}{100}$

사반트의 풀이

선택한 1번 문을 유지하는 경우			
1번 문	2번 문	3번 문	결과
승용차	염소	염소	이득
염소	승용차	염소	손해
염소	염소	승용차	손해

선택을 변경하는 경우			
1번 문	2번 문	3번 문	결과
염소	승용차	염소	이득
염소	염소	승용차	이득
승용차	염소	염소	손해

몬티 홀 문제는 전통 경제학의 가정이 지닌 약점을 그대로 드러내주는 대표적인 사례다. 인간을 이성적인 존재로 규정한 전통 경제학에 따르면, 인간은 자신의 이익을 위해 행동하므로 무조건 선택을 바꿔야 한다. 평소 합리적·논리적 사고가 중요하다고 이야기하지만, 실제 상황에서는 '말 따로 행동 따로'임을 몬티홀 문제를 통해 확인할 수 있다.

플러스+ 35

— 다음은 다니엘 베르누이(1700~1782)에 의해 소개된 '상트 페테르부르크의 역설'이다. 질문에 답해보자.

동전 1개를 앞면이 나올 때까지 반복해서 던진다. 첫 번째에 앞면이 나오면 $2^0=1$만 원, 두 번째에 처음으로 앞면이 나오면 $2^1=2$만 원, 세 번째에 처음으로 앞면이 나오면 $2^2=4$만 원, n번째에 처음으로 앞면이 나오면 2^{n-1}만 원을 받게 된다. 참가비는 천만 원이다. 과연 이 게임에 참가하는 것은 이득일까, 손해일까?

→ 풀이 253쪽

수의 여러 가지 이름

수에 나름의 의미가 있다며 특정 수를 좋아하거나 싫어하는 사람들이 많다. 국민 대다수가 특정 수에 관해 공통적인 이미지를 가진 나라도 많다. 예를 들어 우리나라는 4라는 수가 죽음과 관련된다며 싫어하고, 중국에서는 8이 행운을 가져다준다고 해서 유난히 좋아한다.

고대 그리스의 철학자이자 수학자인 피타고라스는 세상의 모든 것은 수와 연관되어 있으므로 만물의 근원이 수라고 주장했다. 그는 각각의 수에 고정된 의미를 부여하고 인간의 감정을 표현하는 수단으로 활용하곤 했다. 이 중 몇 가지를 살펴보면 다음과 같다.

0 : 만물의 기원을 의미한다.

1 : 모든 수의 신성한 창조자이므로 신을 의미한다.

2 : 첫 번째 짝수로서 음을 상징하며 여성을 의미한다.

3 : 1을 제외한 첫 번째 홀수로서 양을 상징하며 남성을 의미한다.

5 : 2와 3을 더한 값이므로 남성과 여성의 결합을 상징하는 결혼을 의미한다.

6 : 1+2+3이므로 신, 여성, 남성의 결합을 의미하는 '완전수'다.

우애수

두 수의 쌍에서 어느 한 수의 자기 자신을 제외한 약수의 합이 다른 수가 되는 수들을 우애수(친화수, 형제수)라 한다. 220의 약수 1, 2, 4, 5, 10, 11, 20, 22, 44, 55, 110을 전부 더하면 284가 되고, 284의 약수 1, 2, 4, 71, 142를 모두 더하면 220이 된다. 따라서 220과 284는 우애수다. 피타고라스가 처음으로 우애수 220, 284를 발견했고, 이후 페르마가 17296, 18416을, 데카르트가 9363584, 9437056을 발견했다.

부부수

1과 자기 자신을 제외한 약수의 합이 서로가 되는 한 쌍의 숫자를 부부수(혼약수)라고 하는데, 우애수와 비슷하지만 짝수와 홀수가 짝을 이룬다는 점이 다르다. 48의 약수 1, 2, 3, 4, 6, 8, 12, 16, 24, 48에서 1, 48을 제외한 나머지를 모두 더하면 75가 되고, 75의 약수 1, 3, 5, 15, 25, 75에서 1과 75를 제외한 나머지 약수를 모두 더하면 48이므로 이들은 부부수다. (140, 195), (1050, 1925), (1575, 1648), (2024, 2295)…도 부부수다.

사교수

사교수는 우애수가 확장된 개념으로 세 개 이상의 자연수의 쌍에서 어떤 수 A의 약수의 합이 B가 되고, B의 약수의 합이 C가 된다. 이 과정을 반복해 처음의 수 A로 돌아올 때 이 수들을 묶어 사교수라 부른다. 예를 들어 12496의 약수들의 합은 14288이며, 14288의 약수들의 합은 15472이다. 15472의 약수의 합은 14536이 되고 14536의 약수들의 합은 14264이다. 마지막으로 14264의 약수의 합은 12496이므로 (12496, 14288, 15472, 14536, 14264)는 사교수가 된다.

완전수

자기 자신을 제외한 약수의 합이 자기 자신이 되는 수를 완전수라고 한다. 6=1+2+3, 28=1+2+4+7+14, 1+2+4+8+16+31+62+124+248=496이므로 6, 28, 496은 완전수다. 참고로 496 다음에 오는 완전수는 8128이다. 완전수의 또 다른 특징은 6=1+2+3, 28=1+2+3+4+5+6+7, 496=1+2+3+⋯+30+31와 같이 연속되는 자연수들의 합으로 표현된다는 것이다. 또, 6보다 큰 모든 완전수는 1에서 시작하는 연속된 홀수들을 각각 세제곱한 후 이들을 모두 더해서 나타낼 수도 있다. 예를 들어 $28=1^3+3^3$이고 $496=1^3+3^3+5^3+7^3$이다.

직사각수

수 자체가 기하학적인 모양을 나타내지는 않지만, 일정한 형태로 규칙적인 점을 찍어 수를 기하학(도형의 형태)으로 나타내는 일은 가능하다. 그중 직사각형 형태로 점들을 배열한 수를 직사각수라고 한다. 직사각수들의 성질을 살펴보면,

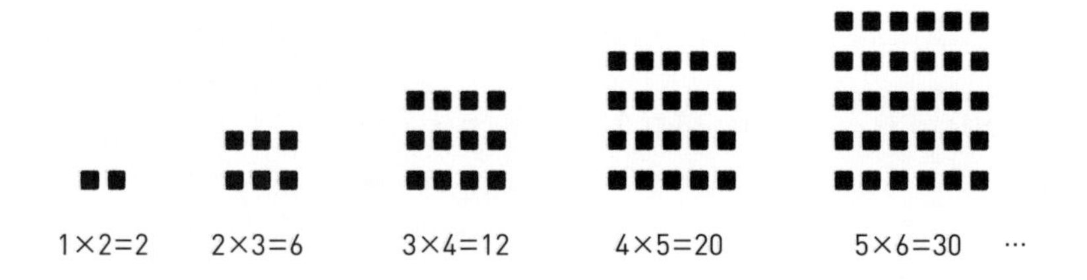

1. 직사각수는 2에서 시작하는 연속한 짝수의 합이다.

2, 2+4=6, 2+4+6=12, 2+4+6+8=20, 2+4+6+8+10=30, …

2. 연속한 두 제곱수와 그 사이에 존재하는 직사각수의 제곱의 합은 제곱수이다.

$9+16+12^2=169=13^2$, $16+25+20^2=441=21^2$

3. 연속된 두 직사각수와 그 수들 사이에 존재하는 제곱수를 두 배로

만든 뒤 모두 더하면 그 값은 제곱수가 된다.

$12+20+2\times16=64=8^2$, $20+30+2\times25=100=10^2$

4. 임의의 수와 그 수의 제곱의 합은 직사각수가 된다.

$4+16=30=4\times5$, $9+81=90=9\times10$

이 밖에도 부족수, 과잉수, 삼각수, 사각수, 오각수, 카프리카수, 쌍둥이 소수와 같은 다양한 수들이 존재한다. 이 수들 역시 각자 재미있고 독특한 특징을 지니고 있으니 꼭 직접 찾아보길 바란다.

플러스+ 풀이

플러스+1

계단 개수가 계속 증가할수록 삼각형의 빗변에 한없이 근접해간다. 그러나 계단을 이루는 선분의 합은 결코 빗면의 길이와 같아질 수 없다. 다시 말해 계단이 아무리 작아져도 일직선이 되는 경우는 생기지 않는다. 계단은 계단이지 수학에서의 직선이 될 수 없다.

계단이 한없이 작아져 계단의 크기가 0이 되는 극단적인 경우를 가정해보자. 계단 크기가 0이 되면 계단의 개수는 한없이 많아지므로 계단 전체의 길이를 구하려면 $0+0+0+\cdots=0\times\infty$이라는 무의미한 계산을 해야 한다. 참고로 수열이나 함수의 극한에서 $0\times\infty$은 0에 수렴하는 식과 ∞로 발산하는 식을 어떻게 선택하느냐에 따라 그 결과가 달라진다.

플러스+2

소득은 (+), 빚(부채)은 (-)로 두고, 현재를 기준으로 이전의 기간은 (-), 이후의 기간은 (+)라 하자. 어떤 사람이 오늘부터 매일 5만 원씩 빚을 진다면 3일 후에 빚은 15만 원이 된다. → $(-5)\times3=(-15)$

어떤 사람이 매일 5만 원씩 빚을 지는 경우, 3일 전의 재산은 현재보다 15만 원 많았다. → $(-5)\times(-3)=15$

플러스+3

존재할 수 없다.

1에서 0.999…을 빼는 경우와 같다.

$$\frac{1+0.9}{2}=0.95$$

$$\frac{1+0.99}{2}=0.995$$

$$\frac{1+0.999}{2}=0.9995$$

…

이 과정이 반복되어 $\frac{1+0.999\cdots}{2}=$ $0.9999\cdots5$가 성립한다고 가정해보자.

위의 식에서 0.999…는 특정한 숫자 9의 배열이 한없이 반복되는 순환소수다. '순환소수는 무한소수'이므로 0.999…5처럼 끝자리에 5를 붙이면 우변은 끝이 존재하는 유한소수가 된다.

따라서 좌변의 $\frac{1+0.999\cdots}{2}$ 도 무한이 아닌 유한소수가 되어야 하므로 순환소수의 정의에서 벗어난다. 즉 $\frac{1+0.999\cdots}{2}=$ 0.9999…5 라는 등식 자체가 성립하지 않는다.

정의를 만족시키기 위해서는 $\frac{1+0.999\cdots}{2}$ = 0.999… 와 같이 끝없이 9를 반복해서 적어나가야만 하므로 0.999…과 1 사이에 들어가는 수는 존재하지 않는다. 따라서 이 둘은 같은 수다.

플러스+4

1. $\frac{9}{2}$

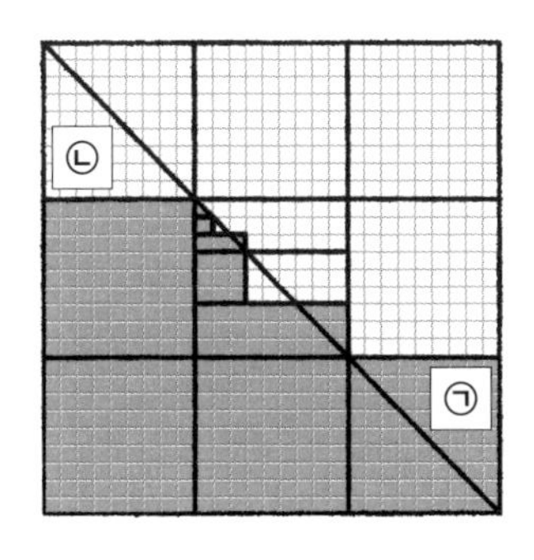

㉠과 ㉡은 합동인 삼각형이므로 넓이가 서로 같다. 따라서 ㉠ 대신 ㉡을 포함시켜 넓이를 구해도 된다. 같은 요령으로 대각선 위쪽에 칠해진 부분을 대각선 아래쪽으로 옮겨 계산한다. 따라서 구하는 값은 $3+1+\frac{1}{3}+\frac{1}{9}+\cdots=\frac{9}{2}$이다.

2. $\frac{1}{4}$

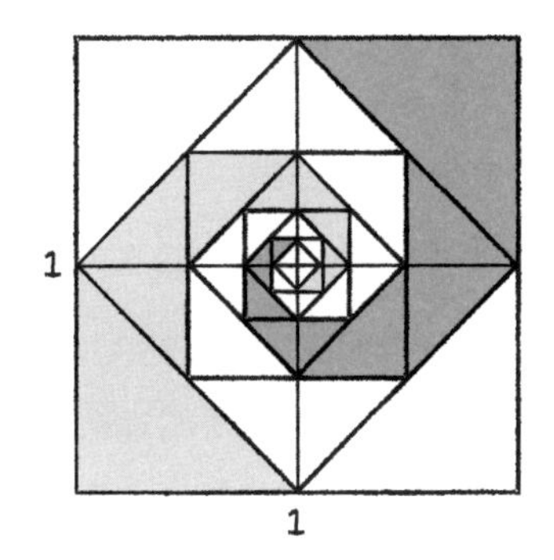

짙은 파란색으로 칠해진 도형은 무수히 많은 직각 이등변삼각형으로 이루어져 있으므로 넓이도 이들의 넓이를 모두 더한 값과 같다. 짙은 파란색 직각 이등변삼각형의 넓이를 크기 순서대로 나열하면 $\frac{1}{8}$, $\frac{1}{32}$, $\frac{1}{128}$, …이고 개수는 1, 3, 3, 3, … 이므로 구하는 식은 $\frac{1}{8}+3\frac{1}{32}+3\frac{1}{128}+\cdots$이 된다. 한편 짙은 파란색 직각 이등변삼각형을 적당히 이동시켜 커다란 정사각형의 $\frac{1}{4}$을 채울 수 있으므로 이 식의 값은 $\frac{1}{4}$이다.

플러스+5

1.

자연수	…	9	7	5	3	1	2	4	6	8	…
	…	↕	↕	↕	↕	↕	↕	↕	↕	↕	
정수	…	-5	-4	-3	-1	0	1	2	3	4	…

2.

(가) 호텔 안내 데스크에 '모든 투숙객들은 자신의 방 번호에 1을 더한 방으로 옮겨달라'라는 방송을 해달라고 부탁한다. 투숙객들이 새롭게 배정된 방으로 옮기면 1호실이 비게 되는데 이 방에 새로 온 손님이 투숙하면 된다. 이와 같은 방법을 반복적으로 사용하면 1호실이 항상 빈방이 되므로 언제든지 새로운 손님에게 빈방을 제공할 수 있다.

이 문제는 무한대에 어떤 수를 더해도 여전히 무한대가 됨을 보여준다.

기존의 방	1	2	3	4	5	6	7	…
	↘	↘	↘	↘	↘	↘	↘	
새롭게 배정된 방	빈방	2	3	4	5	6	7	…

(나) 호텔 안내 데스크에 '모든 투숙객들은 자신의 방 번호에 2를 곱한 방으로 옮겨달라'라는 방송을 해달라고 부탁한다. 본문에서 살펴본 것처럼 자연수와 짝수 사이에는 일대일 대응이 존재하므로 한 사람도 빠짐없이 새로운 방을 배정받을 수 있다. 이제 홀수 번호의 방이 모두 비었다. 홀수 역시 자연수와 일대일 대응을 이루므로 무한대의 여행객들은 모두 홀수 번호의 방에 묵을 수 있다.

플러스+6

북극점(북위 90도)

직각으로 세 번 움직여서 출발한 자리로 되돌아오려면 북극점이나 남극점에서 출발해야 한다. 문제에서는 남쪽 → 동쪽 → 북쪽의 순서로 이동했으므로 북극점이 정답이다.

북극점 이외에 또 다른 출발점을 찾아보자. 남극에서 가장 가까우면서 둘레의 길이가 100km인 위도를 따라 원을 그린다. 이 원 위에 있는 임의의 지점에서 북쪽으로 100km를 걸어간 다음 그 위도를 따라서 또 다른 원을 만든다. 이렇게 만들어진 두 번째 원에서 출발해 남쪽으로 100km를 가면 첫 번째 위도의 원으로 이동하고,

여기서 동쪽으로 100km, 즉 원둘레를 정확히 한 바퀴 회전한 후 북쪽으로 100km를 걸으면 출발 지점으로 되돌아온다.

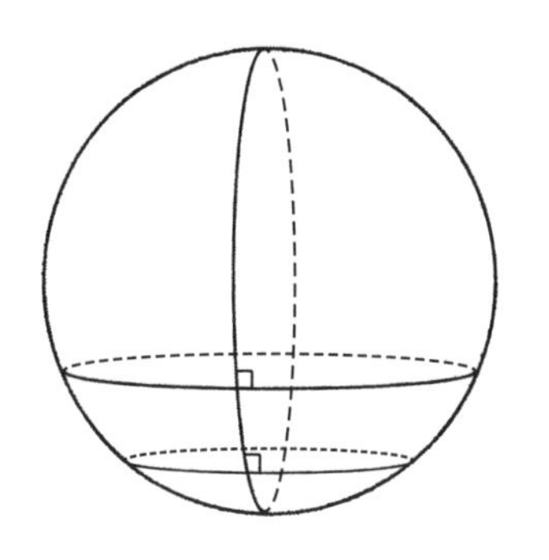

같은 방식으로 남극에서 가장 가까우면서도 둘레의 길이가 $\frac{100}{N}$km인 위도를 따라 그려진 원을 생각해보자. 문제에서 요구된 조건을 만족하려면 이 원을 N바퀴 회전한 다음 북쪽으로 가면 된다. 예를 들어 첫 번째 위도의 둘레가 25km인 원이라면, 이 원을 네 바퀴 돈 다음 북쪽으로 100km를 움직이면 출발점으로 되돌아온다.

플러스+ 7

넓이=0, 차원=1.58차원

처음 정삼각형의 넓이를 A라 하면 두 번째 과정에서의 넓이는 $\frac{1}{4}$이 줄어들어 $\frac{3}{4}A$가 된다. 세 번째 과정에서의 넓이는 두 번째 과정보다 $\frac{1}{4}$이 더 줄어들어 $(\frac{3}{4})^2A$가 된다. 같은 방법으로 단계가 진행될 때마다 넓이는 $\frac{1}{4}$씩 계속해서 줄어든다. 이 과정을 무한히 반복하면 시어핀스키 삼각형의 넓이는 0이 된다. ($\lim_{n\to\infty}(\frac{3}{4})^n=0$)

닮음비가 1:2일 때 자신과 닮은 삼각형 3개가 만들어지므로 프랙탈 차원의 정의에 따라 1.58차원($\log_2 3$) 이 된다.

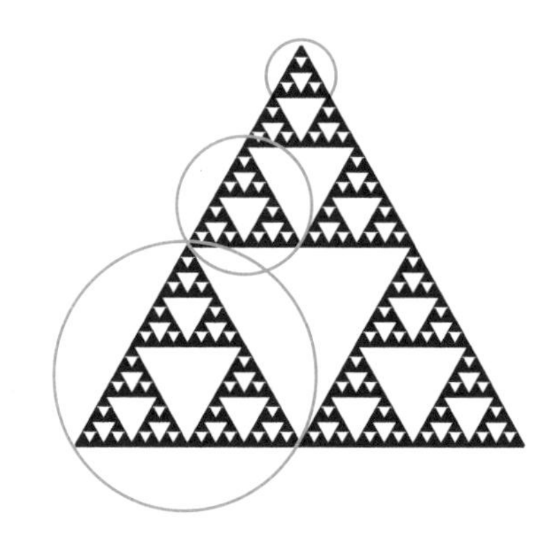

플러스+8

게임 상황을 단순화해 바둑돌이 3개인 경우부터 생각해보자. 바둑돌이 3개라면 하준이가 반드시 이긴다.

5개인 경우 서준이가 2개 이상을 집으면 패하므로 반드시 1개만을 가져와야 한다. 이때 하준이도 서준이처럼 1개만을 가져오면, 바둑돌이 3개인 경우와 같아지므로 하준이가 반드시 이긴다.

8개인 경우 서준이가 3개 이상을 집으면 무조건 패하므로 1개 혹은 2개만을 집어야 한다. 서준이가 1개를 집으면 하준이는 2개, 서준이가 2개를 집으면 하준이는 1개를 가져오면 반드시 이긴다. 즉 하준이는 서준이에게 항상 피보나치 수에 해당되는 수만큼의 바둑돌을 서준이에게 넘겨주면 항상 이길 수 있다.

게임을 시작할 때 바둑돌의 개수가 피보나치 수가 아닌 경우에는 서준이가 하준이에게 항상 피보나치 수에 해당하는 개수만큼의 바둑돌을 넘겨주면 반드시 이긴다.

플러스+9

참

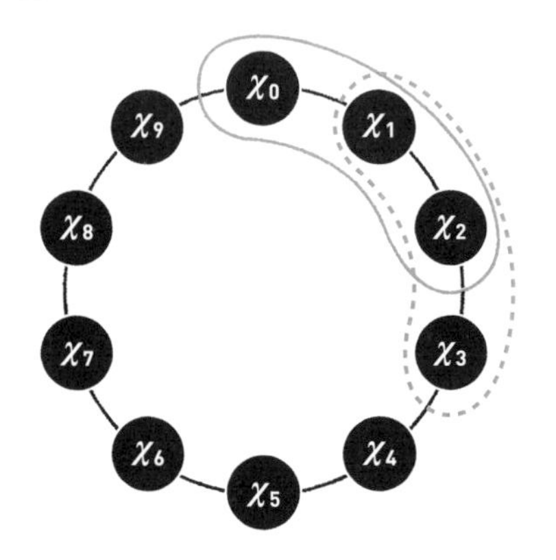

10개의 공이 위와 같이 배열되었다고 하자. 연속한 3개의 숫자들을 한 묶음으로 보면 모두 10개의 묶음이 만들어진다. 이 10개의 묶음을 모두 더하면 $(x_0+x_1+x_2)+(x_1+x_2+x_3)+(x_2+x_3+x_4)+\cdots+(x_9+x_0+x_1)$가 된다.

위 식에서 보듯이 0에서 9까지의 수들은 모두 3번씩 더해지므로 $3\times(0+1+2+\cdots+9)=3\times45=135$이다. 따라서 각각의 묶음의 합, 즉 연속한 3개의 숫자들의 합이 모두 13이 되더라도 10개의 묶음 전체의 합은 130이 되어 5가 부족하다. 이 부족한 5가 어느 묶음에서든 채워져야 하므로 13보다 큰 경우가 반드시 생긴다.

플러스+10

1. (가) 1.33배, (나) 1.22배

㈎ A0 전지와 B0 전지로 만들어지는 용지들은 모두 서로 닮은꼴이므로 닮음비와 넓이의 비가 변하지 않는다. B4 용지의 넓이는 B5 용지의 2배이고 A4 용지의 $\frac{3}{2}$배이다.(B0 전지의 넓이는 A0 전지의 $\frac{3}{2}$배이다.)
$B4=2\times B5=\frac{3}{2}\times A4$이므로 $A4=\frac{4}{3}\times B5$이다. 따라서 1.33배이다.

㈏ A4 용지와 B4 용지의 닮음비는 210 : 257 또는 297 : 364가 된다. 이는 1 : 1.22이므로 1.22배(122%) 확대하면 된다.

또 다른 방법은, A4를 B4로 확대하려면 넓이가 1.5배가 되어야 한다. 따라서 넓이의 비는 닮음비의 제곱에 비례한다는 성질에 의해 $\sqrt{1.5} \fallingdotseq 122(\%)$로 계산하면 된다. $(1.22\times1.22=1.49\fallingdotseq1.5)$

2.

A 규격과 B 규격 종이 외에도 일본이 서양에서 인쇄기를 들여오면서 사용한 전지 규격인 46전지(가로세로 788mm, 1090mm)가 있다. 이 전지를 절반으로 자르는 과정을 반복해 2절, 4절, 8절, 16절 등의 종이가 만들어진다. 일반 신문을 완전히 펼친 크기가 2절, 생활정보지 등의 무료 신문을 펼친 크기가 4절, 스케치북의 크기는 8절, 일반적인 공책의 크기는 16절이다.

플러스+11

1.

화장지 밑면에 해당하는 원의 반지름이 반으로 줄면 사람들은 화장지가 반쯤 남았다고 생각한다. 원의 반지름이 반으로 줄었을 때와 사용하기 전 원의 닮음비가 1 : 2이므로 넓이의 비는 1 : 4이다.(두루마리 화장지는 원기둥 형태이고 높이에 해당하는 폭이 일정하므로 부피는 밑면인 원의 넓이에 비례하게 된다.) 즉 두루마리 화장지가 처음의 4분의 1밖에 남지 않았으므로 같은 양의 화장지를 잘라내려면 4배 이상으로 두루마리 화장지를 회전시켜야 한다. 따라서 매우 빠르게 화장지가 없어진다고 생각하게 된다. 비누의 경우도 사람들은 세숫비누의 크기가 반으로 줄었다고 생각하지만 가로, 세로, 높이가 모두 절반으로 줄어들었으므로 실제로는 8분의 1로 줄어든 것이다.

2.

밥을 꼭꼭 씹어 잘게 부수면 소화액이 닿는 면적이 넓어지듯이, 얼음을 잘게 쪼개면 물과 접촉하는 면이 많아져서 빨리 녹게 되고 물도 그만큼 빠르게 시원해진다.

3.

큰 수박이 작은 수박보다 1.5배 더 크면 닮음비에 의해 부피는 $1.5^3 \fallingdotseq 3.4$배가 된다. 즉 수박의 내용물이 3배 이상 많다는 뜻이다. 그렇지만 가격은 2배 차이가 나므로 크기가 큰 수박을 구매하는 쪽이 이득이다.

플러스+ 12

2m

원기둥의 원둘레만큼 돌이 움직일 것이라는 생각이 들겠지만 그렇지 않다. 음료수 캔을 활용해 실제로 실험해보자.

평평한 바닥에 음료수 캔 몇 개를 눕힌 다음 판자를 올려놓고 캔을 한 바퀴 회전시키면, 판자는 원둘레 길이의 두 배를 이동한다.

다음에는 음료수 캔을 손으로 잡고 공중에서 한 바퀴 돌려보자. 허공에 떠 있는 음료수 캔은 제자리에서 회전만 하므로 판자는 원둘레에 해당하는 거리만큼 나아간다. 그렇지만 음료수 캔이 바닥에 놓여있으면 캔이 회전하면서 캔의 원의 중심도 같이 앞으로 나아가므로 판자는 이 두 운동을 합친 양만큼 움직이게 된다. 따라서 이 문제에서 돌은 2m 이동한다.

플러스+ 13

1.

주거용 건물

상업용 건물

관공서

문화재 · 관광지

2.

건물번호 차이가 10이면 거리는 100m가 되므로 두 건물 사이에 도로가 존재하거나 건물 자체가 커서 여러 구간에 걸쳐 있다는 의미다.

플러스+ 14

(9+8+9+1+9+1)+(7+8+9+2+0+5)×3=130이므로 체크 숫자는 0이다.

플러스+ 15

사례 1

2018년에 모 회사가 주민등록번호 뒷자리 2·3번째 번호가 전라도 지역을 나타내는 48~66인 경우 지원을 금지하는 채용 공고를 올려 사회적 물의를 일으킨 적이 있다.

사례 2

새터민의 주민등록번호에 경기도 ○○지역 번호인 25가 부여되면서 해당 지역 주민들의 중국 입국이 거부되는 불상사가 발생했다.

사례 3

2017년에는 인터넷에 공유된 개인정보를 활용해 현직 장관의 주민등록번호를 맞추는 과정이 국회에서 공개되기도 했다.

플러스+ 16

일단 현금 6천만 원은 2천만 원씩 나눠 갖는다. 남은 아파트, 토지, 보석은 각자 자신들이 생각하는 가치가 얼마인지를 적도록 한다. 세 사람이 써낸 금액을 표로 만들어 나타낸 후 본문에 설명된 봉인된 입찰법을 활용해 분배하면 된다.

플러스+ 17

1. A가 당선되어야 한다는 주장의 근거:

1순위를 가장 많이 얻은 후보가 당선되어야 한다.

A는 1순위 득표수가 38, B는 11, C는 30, D는 21이므로 후보 A가 총장으로 당선되어야 한다.

2. B가 당선되어야 한다는 주장의 근거:

후보자 모두에게 순위별 가중치를 부여한 후 합산한 점수가 가장 많은 후보가 당선되어야 한다. 1, 2, 3, 4순위에 각각 4점, 3점, 2점, 1점을 부여하면

A의 점수 (4×38)+(2×2)+(1×60)=216

B의 점수 $(4\times11)+(3\times64)+(2\times23)+(1\times2)=284$

C의 점수 $(4\times30)+(3\times21)+(2\times48)+(1\times1)=280$

D의 점수 $(4\times21)+(3\times15)+(2\times27)+1\times37)=220$

이므로 후보 B가 총장으로 당선되어야 한다.

3. C가 당선되어야 한다는 주장의 근거: 후보들을 두 후보씩 짝을 지어 비교했을 때 두 후보 중 지지도가 높은 후보에게 1점, 지지도가 같으면 각각에게 0.5점씩을 준다. 이 점수를 합산해 가장 높은 점수를 얻은 후보가 당선되어야 한다.

A:B=38:62	A:C=38:62	A:D=40:60
B:C=48:52	B:D=74:26	C:D=66:34

위 표에서 보듯이 A는 0점, B는 2점, C는 3점, D는 1점이므로 후보 C가 총장으로 당선되어야 한다.

4. D가 당선되어야 한다는 주장의 근거: 과반수 이상을 획득한 후보가 없으니 선호도가 높은 후보를 선택해야 한다.

1순위 지지자가 11명뿐인 후보 B를 가장 먼저 탈락시키면서, 후보 B의 지지자가 2순위로 지지한 D에게 이 표를 넘겨준다. D가 B의 표를 넘겨받으면 후보 C가 탈락하게 된다.

C 지지자 중 25명은 D를, 2명은 A를 더 선호한다. 후보 D가 더 많은 표를 얻었으므로 D가 총장으로 당선되어야 한다.

플러스+18

91km/h

신바람 씨는 고속도로를 2시간 동안 200km 달렸고, 그 후 3시간 동안 255km를 달려 도착했다. 이때 신바람 씨가 운전한 자동차의 평균 속력은 $\frac{200}{2}+\frac{255}{3}=\frac{455}{5}$ $=91$(km/h)로 계산하면 된다.

플러스+19

산술평균과 기하평균을 이용하면 합이 일정할 때 곱의 최댓값을 구할 수 있다.

10% 인하된 가격을 $x=(1-0.1)a$, 10% 인상된 가격을 $y=(1+0.1)a$라 하면 $x+y$는 할인율과 상관없이 $2a$로 합이 일정하다. 따라서 두 수의 곱 xy가 최대가 되려면 x와 y의 값이 같아야 한다.

그러나 $x \neq y$이므로 물건값을 같은 비율로 내렸다가 올리면(또는 같은 비율로 올렸다가 내리면) 원래 가격보다 항상 작아진다.

플러스+ 20

총을 허공에 쏜다.

A, B, C 모두가 합리적인 선택을 한다고 가정한다.

A가 B를 쏘아 명중한다면 A에게는 최악의 결과다. C만 남게 되어 100%의 명중률로 A를 쏘기 때문이다.

만약 A가 C를 먼저 쏘아 명중해도 명중률 80%의 B가 A를 향해 쏘게 되므로 현명한 선택이 아니다.

A가 아무도 맞추지 못한다면 다음 순서인 B는 무조건 C를 겨냥할 것이다.

B가 C를 맞췄다면 다음은 A의 차례가 되어 다시 사격할 기회가 주어진다.

B가 C를 겨냥했지만 빗나간다면 C 역시 무조건 B를 겨눌 것이다. C의 명중률은 100%이므로 B는 죽는다. B가 죽었으므로 다시 A에게 사격할 기회가 주어진다.

따라서 A는 첫 번째 사격에서 무조건 허공을 향해 쏘아야만 경쟁자도 줄이고 사격할 기회도 한 번 더 확보할 수 있다.

플러스+ 21

"너는 내 동료를 잡아먹을 거야."라고 답하면 된다.

이 대답을 들은 식인종은 '내가 동료를 돌려주면, 네가 맞히지 못했으니까 내가 동료를 잡아먹어야 하고, 내가 동료를 잡아먹으면 네가 맞힌 셈이니까 동료를 돌려줘야 할 텐데…'라는 모순에 빠지게 된다.

플러스+ 22

12만 5천 개

편의상 우리나라의 인구를 5,000만 명, 미용실 순수입을 250만 원, 임대료와 각종 공과금으로 150만 원을 지출한다고 가정하면 미용실의 월 매출이 최소 400만 원은 되어야 한다.

사람마다 미용실 이용 횟수와 비용은 천차만별이지만, 대략 평균을 내서 한 달에 한 번 미용실을 방문해 10,000원을 지출한다고 가정하자. 그러면 미용실 한 곳의 이용 고객은 400명 이상이므로 필요한 미용실의 개수는 5,000만÷400=12만 5천 개로 추정할 수 있다. 물론 횟수와 비용을 어떻게 설정하는지에 따라 답은 달라진다.

참고로 2010년 기준 우리나라에는 약 10만 개의 미용실이 있다.

플러스+ 23

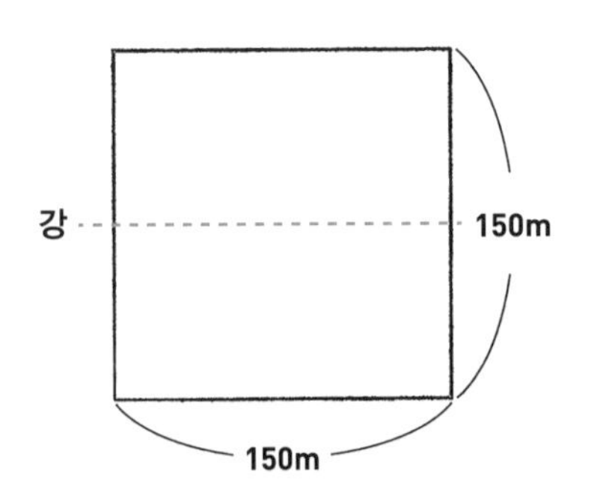

문제를 보는 관점을 바꿔 위 그림처럼 강을 대칭축으로 보고, 철망의 길이도 300m의 두 배인 600m로 사각형 모양의 울타리를 치는 문제라고 생각해보자. 그러면 이 문제는 둘레의 길이가 600m로 일정한 사각형 중 넓이가 최대인 사각형을 구하라는 의미이므로 각 변의 길이가 150m인 정사각형의 형태가 된다.

강이 대칭축이므로 농부는 이 정사각형의 절반, 즉 세 변의 길이가 75m, 75m, 150m인 울타리를 치면 된다.

본문의 디도 여왕 이야기에도 이 풀이를 적용할 수 있다. 고대에는 국가를 건설할 때 강이 차지하는 비중이 매우 컸으므로 강을 지름으로 하는 반원 모양의 토지를 사들였을 것이라는 추측도 가능하다.

플러스+ 24

1. 3회, 4회, 2.5회

원판의 반지름의 길이가 1과 2인 경우에 작은 원판의 중심이 움직인 거리는 반지름이 3인 원의 둘레인 6π다. 작은 원판의 둘레는 2π이므로 3회 회전해야 한다. 같은 요령으로 반지름이 1과 3인 경우에는 4회전, 2와 3일 때에는 2.5회전, 즉 두 바퀴 반을 돌면 된다.

2.

큰 정사각형은 회전하더라도 변의 길이가 이어지면서 연속된 직선이 되지만, 작은 정사각형은 문제에 제시된 그림처럼 ⌒↘ 에서 건너뛰는 현상이 발생한다. 이 부분의 합이 4인데 이 값은 두 정사각형의 둘레의 차를 나타낸다.

도형의 변을 늘려 실험을 해보면 건너뛰는 구간은 변의 개수와 항상 일치한다. 즉, 정n각형을 한 바퀴 굴리면 n개의 건너뛰는 구간이 생긴다.

원을 한 변의 길이가 0에 수렴하는 정다각형으로 생각하면 아리스토텔레스의 바퀴에서는 무한개의 건너뛰는 구간이 만들어지고, 그 합은 원둘레의 차와 같은 2π다.

플러스+ 25

레이저를 여러 방향에서 약하게 쏘아 종양이 있는 곳에 집중시켜 종양이 파괴될 정도의 강도를 만든다.

플러스+ 26

복리법에 의해 원리합계가 원금 A의 두 배가 되는 식은 $2A=A(1+\text{이율})^{\text{이자를 계산해야 하는 횟수}}$이므로 계산기로 (1+이율)을 반복해서 곱한다. 그 값이 2가 나올 때까지 곱해진 횟수가 원금의 두 배가 되는데 걸리는 기간(년)이 된다. 실제로 계산을 해보면 72/연이율(%)보다는 70/연이율(%)가 좀 더 정확하지만, 72의 약수가 70의 약수보다 많아 자연수로 나누어떨어지는 경우가 더 많기 때문에 실생활에서는 72/연이율(%)을 활용한다.

플러스+ 27

1. 제안을 받아들이면 안 된다.

너무해 씨가 순진한 씨에게 줄 돈은 모두 30조 원이다. 한편 순진한 씨가 매일 지불해야 할 금액은 6월 10일에는 2만 원이 채 안 되고, 6월 20일이 되면 11억 원보다 조금 많다. 그러나 6월 30일에는 약 68조 원 정도가 되므로 순진한 씨는 엄청난 손해를 본다.

2. 27번

복사용지를 10번 접으면 두께가 102.4mm이므로 약 10cm=0.1m이다. 이 상태에서 다시 10번을 접으면(총 20번 접었다.) 100m보다 조금 더 크므로 약 0.1km이다. 이제 복사 용지의 두께가 0.2km, 0.4km, 0.8km, 1.6km…로 증가하므로 27번 접으면 에베레스트산보다도 높아진다.

플러스+ 28

선거가 얼마 남지 않은 상태에서의 여론 조사 결과는 지지하는 후보를 결정하지 못한 유권자에게 밴드왜건 효과나 언더독 효과를 불러일으킬 가능성이 높다.

편승효과라고도 하는 밴드왜건 효과는 1950년 미국의 경제학자 하비 라이벤스타인이 만든 이론이다. 밴드왜건이라는 이름은 악대를 앞세우고 다니며 금광 개발 인력을 모집하는 데 사용되었던 역마차인 밴드왜건에서 유래했다. 이 이론에 따르면 사람들은 다수의 의견과 행동을 따르려는 경향을 보이는데 선거에서의 대세론, 군중 심리, 충동 구매가 여기에 해당된다.

언더독 효과는 개싸움에서 밑에 깔린 개(underdog)를 응원하듯이 약자를 지지하면서 성공을 바라는 심리를 설명할 때 사용하는 용어다. 이 용어는 1948년 미국 대선 때 사전 여론 조사에서 계속 뒤지던 해리 트루먼이 당선이 확실시되던 공화당의 토머스 듀이를 4.4% 차로 따돌리고 승리하면서부터 널리 쓰였다.

트루먼은 선거 운동 기간 내내 유권자들에게 약자로 인식되었는데, 이 이미지가 부동층 유권자들의 동정표를 이끌어내는 계기로 작용하면서 선거에서 승리했다.

플러스+ 29

1. 외국어를 하나 정도는 할 줄 알고
2. 직접 즐기는 스포츠가 있어야 하며
3. 적어도 한 가지 악기는 다룰 줄 알고
4. 남들에게 대접할 만한 요리 실력을 갖추고 있어야 하며
5. 사회적인 '공분'에 의연히 참여하면서
6. 약자를 도우며 봉사 활동을 꾸준히 해야 한다.

플러스+ 30

HIV의 보균율이 0.1%이므로 보균자와 비보균자 집단의 크기는 매우 다르다. 그러나 두 집단의 크기가 동등하다고 생각해

HIV 보균자일 경우 검사 결과가 100% 양성으로 나온다는 사실과, 검사 과정에서 잘못된 판정이 나올 수 있는 확률 5%에 지나치게 집중했다.

예를 들어 1,000명을 대상으로 검사를 했다고 하자. 보균율이 0.1%이므로 1,000명 중에 보균자는 1명이고, 음성임에도 양성으로 판정받는 인원은 $999\times\frac{5}{100}$이다. 양성인데 양성으로 판정받는 인원은 $1\times\frac{100}{100}$이므로 양성으로 판정받은 사람이 양성일 확률은

$$\frac{1\times\frac{100}{100}}{999\times\frac{5}{100}+1\times\frac{100}{100}}\approx0.0196\ (1.96\%)\text{이다.}$$

플러스+31

1.

삶에는 변수가 많아 누가 몇 살까지 생존하게 될지를 예측하는 일 자체가 사실상 불가능하다. 그렇지만 사람의 수명에 관한 전체적인 경향을 나타내는 통계 자료를 통해 사람들의 평균 수명, 기대 수명, 사망자의 비율 등 다양한 정보를 얻을 수 있다. 이를 바탕으로 각 보험 회사는 보험 상품을 설계하고 보험료를 결정한다.

2.

정시는 수능 점수라는 객관화된 수치를 활용하므로 수험생 전체 집단의 흐름을 살펴보기 편하다. 또한 학생부 종합 전형과 비교해 합격자들의 면면을 파악하기 쉬울뿐더러 예외적인 상황도 많지 않아 결과를 예측하기가 한결 수월해진다.

플러스+32

2층 침대는 천장과의 거리가 짧고, 일반적인 기숙사는 그 거리가 성인의 앉은키보다 약간 더 높은 경우가 많아 잠결에 일어나다가 천장에 머리를 부딪칠 가능성이 크다. 그리고 전날 친구와 술을 마시고 귀가해서 목이 말라 냉장고의 물을 마시고는, 술에 취해 귀찮다는 생각이 들어 물통에 물을 보충하지 않고 바로 잠자리에 들었을 확률이 높다. 따라서 냉장고에는 빈 물통만 있게 된다.

대부분의 사람들은 매일 샤워를 하고 잠자리에 들게 되므로 세면대의 수도꼭지 위치가 샤워기 방향으로 돌아가 있을 때가

많은데, 바빠서 서두르다가 수도꼭지의 위치를 확인하지 않고 물을 트는 바람에 옷이 젖게 된 것이다.

끝으로 시험 범위 중 어려운 부분의 공부는 이해가 잘되지 않고 분량도 많아 충실하게 공부하지 못하는 경우가 많은데, 시험은 주로 이런 부분에서 많이 출제된다.

플러스+ 33

1.

데뷔하자마자 좋은 성적을 내면 언론의 주목을 받게 되고 소속팀의 기대도 높아지면서 생기는 심적 부담감을 이겨내지 못하는 경우가 많다. 또한 상대 팀들의 집중된 견제를 불러일으켜 전과 같이 좋은 성적을 유지하기가 점점 더 힘들어진다. 더불어 경기에 뛰는 시간이 길어지는 만큼 약점도 많이 노출되지만 이를 극복하지 못해 저조한 성적을 보인다.

2.

전편이 기존 영화에서는 볼 수 없었던 새로운 시도를 과감하게 도입해 흥행에 성공했다면, 속편에서는 전편의 성공에 따른 부담감과 일정 수준 이상의 성과를 거두어야 한다는 압박감 때문에 새로움보다는 안정성에 무게를 두고 영화를 제작하는 경우가 많다. 게다가 속편은 전편에 나왔던 인물, 배경 등에 별다른 변화가 없고 이야깃거리도 그대로 이어지는 편이라 긴장감이나 호기심을 불러일으키기보다는 이미 소모된 이미지로 인해 식상한 느낌을 주게 된다.

플러스+ 34

지폐를 그래프로 사용함으로써 그래프의 높이를 왜곡하고 있다. 1천원권의 10배 가치가 있는 1만원권도 주어진 문제와 같은 형태의 그래프로 나타내면 서로 동등한 가치를 지닌 것처럼 받아들여질 수 있다.

한국은 일본, 영국, 프랑스, 호주보다 최저임금이 낮은데도 그래프 길이는 가장 길어 마치 비교군 중 임금이 가장 높은 것처럼 보인다. 또한 일본의 최저 임금은 중국의 3배 이상임에도 그래프는 3분의 1 길이밖에 안 된다.

플러스+ 35

확률론에서 어떤 사건이 일어날 때 얻게 되는 이익과 그 사건의 확률을 곱해 모두 더한 값을 기댓값이라 부르는데, 복권이나 게임의 경우에는 내가 받을 것으로 예상되는 금액이 곧 기댓값이 된다.

위 문제에서 기댓값은 $2^0\times\frac{1}{2}+2^1\times\frac{1}{2^2}+2^2\times\frac{1}{2^3}+2^3\times\frac{1}{2^4}+\cdots=\frac{1}{2}+\frac{1}{2}+\frac{1}{2}+\frac{1}{2}+\cdots=\infty$이므로 기댓값은 무한이다.

기댓값이 무한이므로 천만 원을 지불하고 무조건 게임에 참여해야 한다. 그렇지만 게임에 참여하려는 사람은 참가비가 워낙 고액이므로 이길 확률보다 돈을 잃게 될 확률에 매우 민감하게 반응하기 때문에 실제로 참여하는 사람은 거의 없다.

참고로 이 게임에서는 앞 순서에서 모두 뒷면이 나오고 열한 번째에 처음으로 앞면이 나와야 받는 상금이 천만 원($2^{10}=1,024$)이 넘는다.

상황을 단순화해 좀 더 자세하게 살펴보자. 주사위를 던져 1의 눈이 나오면 6천만 원의 상금을 받는 게임에서 기대금액은 천만 원($6,000\times\frac{1}{6}=1,000$) 이다. 게임의 참가비가 6백만 원이라면 수학적으로는 4백만 원이 이득이지만, 참가비가 고액이라 이길 확률 $\frac{1}{6}$ 보다는 질 확률 $\frac{5}{6}$에 더 큰 영향을 받아 이 게임에 참여하지 않을 것이다.

로또의 경우 구입 가격은 천 원이고 기댓값은 평균적으로 600원 정도이므로 로또를 구입하는 순간 400원의 손해를 보는 구조다. 그렇지만 참가비가 소액인 반면 1등 상금은 엄청난 고액이므로 사람들은 로또에 매달리게 된다.

참고 문헌

《Discovering Algebra》, Jerald Murdock, Ellen Kamischke, Eric Kamischke, Key Curriculum Press, 2007

《Excursions in Modern Mathematics》, Peter Tannenbaum, Pearson Prentice Hall, 2003

《Mathematical Proofs: A Transition to Advanced Mathematics》, Gary Chartrand, Ping Zhang, Albert D. Polimeni, Pearson College Div, 2012

《Maths Wonders to Inspire Teachers and Students》, Alfred S. Posamentier, Association for Supervision & Curriculum Deve, 2003

《Number Theory: A Lively Introduction with Proofs, Applications, and Stories》, James E. Pommersheim, John Wiley & Sons Inc, 2010

《Problem Solving Strategies》, Ken Johnson, Ted Herr, Key Curriculum Press, 2001

《Thinking Mathematically》, Robert Blitzer, Pearson Prentice Hall, 2004

《10개의 특강으로 끝내는 수학의 모든 것》, 제리 킹, 박영훈 옮김, 과학동아북스, 2011

《과학과 논술》, 고중숙 외, 조선일보사, 2006

《그림으로 보는 미분과 적분》, 오카베 츠네하루, 김병학 옮김, 경문사, 2001

《누구나 수학》, 위르겐 브릭, 정인회 옮김, 지브레인, 2012

《눈으로 보며 이해하는 아름다운 수학 1. 기본편》, 클라우디 알시나 외, 권창욱 옮김, 한승, 2011

《리만 가설》, 존 더비셔, 박병철 옮김, 승산, 2006

《말힘 글힘을 살리는 고사성어》, 장연, 고려원북스, 2009

《문명과 수학》, 리처드 만키에비츠, 이상원 옮김, 경문사, 2002

《박경미의 수학N》, 박경미, 동아시아, 2016

《박사가 사랑한 수식》, 오가와 요코, 김난주 옮김, 이레, 2004

《사람들이 미쳤다고 말한 외로운 수학 천재 이야기》, 아포스톨로스 독시아디스, 정회성 옮김, 생각의나무, 2000

《살아있는 수학 교과서》, 배숙, 미다스북스, 2017

《세계를 바꾼 17가지 방정식》, 이언 스튜어트, 김지선 옮김, 사이언스북스, 2016

《세상 모든 비밀을 푸는 수학》, 이창옥 외, 사이언스북스, 2016

《세상의 모든 수 이야기》, 앤드류 엘리엇, 허성심 옮김, 미래의창, 2020

《수학 바로 보기》, 고중숙, 여울, 2004

《수학, 문명을 지배하다》, 모리스 클라인, 박영훈 옮김, 경문사, 2005

《수학, 생각의 기술》, 박종하, 김영사, 2015

《수학공부 이렇게 하는 거야 상, 중, 하》, 일본수학교육협의회 외, 김부윤 외 옮김, 경문사, 2011

《수학교육과정과 교재연구》, 김남희 외, 경문사, 2009

《수학을 만든 사람들 상, 하》, E.T. 벨, 안재구 옮김, 미래사, 1993

《수학의 마술 1,2》, 아서 벤저민, 이경희 외 옮김, 한솔 아카데미, 2016

《수학의 반전 풀지 않고 생각하는 수학》, 에드워드 B. 버거, 마이클 스타버드, 고석구 옮김, 경문사, 2015

《수학의 쓸모》, 닉 폴슨 외, 노태복 옮김, 더퀘스트, 2020

《수학의 언어》, 케이스 데블린, 전대호 옮김, 해나무, 2004

《수학의 역사 상, 하》, 칼 B. 보이어 외, 양영오 외 옮김, 경문사, 2004

《수학의 위대한 순간들》, 하워드 이브스, 허민 외 옮김, 경문사, 2007

《수학자가 아닌 사람들을 위한 수학》, 모리스 클라인, 노태복 옮김, 승산, 2016

《스탠퍼드 수학 공부법》, 조 블러, 송명진 외 옮김, 와이즈베리, 2018

《암호 수학》, 자넷 베시너 외, 오혜정 옮김, 지브레인, 2013

《천국의 소년 1,2》, 이정명, 열림원, 2013

《틀리지 않는 법》, 조던 엘렌버그, 김명남 옮김, 열린책들, 2016

《학교수학의 교육적 기초 상, 중, 하》, 우정호, 서울대학교 출판문화원, 2017

《학교수학의 역사-발생적 접근》, 우정호, 서울대학교 출판문화원, 2018

—

LG 사이언스랜드
https://www.lgsl.kr/

YTN 〈수학으로 푸는 세상의 비밀〉
https://science.ytn.co.kr/program/program_list.php?s_mcd=1084

네이버 캐스트 〈수학산책〉
https://terms.naver.com/list.naver?cid=58944&categoryId=58970

위키백과
https://ko.wikipedia.org

이런 수학이라면 포기하지 않을 텐데
문제가 쉽게 풀리는 짜릿한 수학 강의

1판 1쇄 펴낸 날 2021년 11월 5일
1판 2쇄 펴낸 날 2022년 11월 10일

지은이 신인선

펴낸이 박윤태
펴낸곳 보누스
등 록 2001년 8월 17일 제313-2002-179호
주 소 서울시 마포구 동교로12안길 31 보누스 4층
전 화 02-333-3114
팩 스 02-3143-3254
이메일 bonus@bonusbook.co.kr

ISBN 978-89-6494-524-7 03410